北京味道

主编 ◎ 姜慧

副主编 ◎ 田彤　李白　孙果

中国旅游出版社

项目策划：武　洋
责任编辑：武　洋
责任印制：孙颖慧
封面设计：武爱听

图书在版编目（ＣＩＰ）数据

北京味道 / 姜慧主编；田彤，李白，孙果副主编
. -- 北京：中国旅游出版社，2022.9
ISBN 978-7-5032-6953-0

Ⅰ．①北… Ⅱ．①姜… ②田… ③李… ④孙… Ⅲ.
①饮食－文化－北京 Ⅳ．① TS971.202.1

中国版本图书馆CIP数据核字（2022）第 085071 号

书　　名：北京味道

作　　者：姜慧　主编
　　　　　田彤　李白　孙果　副主编
出版发行：中国旅游出版社
　　　　　（北京静安东里6号　邮编：100028）
　　　　　http://www.cttp.net.cn　E-mail:cttp@mct.gov.cn
　　　　　营销中心电话：010-57377108，010-57377109
　　　　　读者服务部电话：010-57377151
排　　版：北京旅教文化传播有限公司
经　　销：全国各地新华书店
印　　刷：北京工商事务印刷有限公司
版　　次：2022年9月第1版　2022年9月第1次印刷
开　　本：720毫米×970毫米　1/16
印　　张：18
字　　数：280千
定　　价：49.80元
ＩＳＢＮ　978-7-5032-6953-0

F OREWORD 前 言

北京"左环沧海，右拥太行，北枕居庸，南襟河济"，形成了集萃百家、兼收并蓄、格调高雅、风格独特、自成体系的京味饮食文化。味道，是历史，是记忆，是情感，北京味道既有宫廷御膳的皇家贵气、历久弥新的胡同味道、融贯古今中西的饕餮大餐，又有妈妈拿手菜的浓情。一城百味，今日的北京，每个人每天都在探寻属于自己的北京味道。

北京地处华北平原与太行山脉、燕山山脉的交接部位，属于华北平原的西北边缘区。北京属于北温带大陆性季风气候，夏季高温多雨，冬季寒冷漫长。这样的地理位置和气候特点，孕育了丰富的特色原材料，形成了北京各区特有的动植物原料资源，为北京小吃、北京的酒、北京的茶、北京菜提供了丰富的原材料，为北京味道奠定了基础。在北京饮食文化发展的历史长河中，形成了一颗颗璀璨的明星，那就是北京的餐饮老字号，这些老字号不仅能够见证北京城市生活的发展历史，也能折射出北京的饮食文化内涵和价值。北京餐饮老字号守正创新发展，正在加速数字化转型，塑造老字号新形象。

本书由北京联合大学姜慧统稿，北京联合大学李白、田彤和北京博才职业技能培训学校孙果参与了本书的编写。书中的经典北京小吃和北京菜的视频由孙果负责录制，视频中的英文字幕由北京联合大学陈建华、王英伟、任俊和梁宝恒负责翻译。书中第七单元面点部分，还得到了北京宏圣职业技能培训学校王晓宁的鼎力支持，在此表示由衷的感谢。

本书适用于旅游管理类专业学生以及所有对北京饮食文化、北京味道感兴趣的人士。本书以北京饮食文化为主线，带领学习者纵观北京饮食文化以及在

饮食文化发展过程中孕育出的北京小吃、北京的茶、北京的酒、北京菜以及北京的餐饮老字号。通过阅读本书，读者能够深入了解北京的饮食文化，了解北京饮食文化孕育出来的美味肴馔，掌握北京特色佳肴的制作方法，在探寻属于自己的北京味道旅途中留下美好的回忆。

　　鉴于编者的水平和阅历有限，书中难免存在遗漏和不妥之处，恳请读者批评指正。

姜慧

2022 年 5 月

CONTENTS 目　录

第一单元

时光中的北京味道

第一节 饮食文化中的 "味"

一、饮食文化

（一）文化

"文化"这一词语的含义广泛而复杂，中外学者对其进行了多种阐释。

1. 中国人对文化内涵的论述

文，甲骨文写作 、 、 、 。许慎《说文解字》解释："文，错画也。象交文，凡文之属皆从文。"即文的本义是交错的笔画形成的纹饰。化，甲骨文写作 或 ，许慎《说文解字》解释："化，教行也。"即教育人的行为。"文""化"合成一个词见于《易经·贲卦·彖辞》："刚柔交错，天文也；文明以止，人文也。观乎天文，以察时变，观乎人文，以化成天下。"意思是说，阳刚与阴柔互相交错，这是大自然的文饰。文明礼仪而有一定的限度，这是人类的文饰。观察大自然的文饰，可以了解四时变迁的规律，观察人类的文饰，可以教化天下。可见，最初文化的含义。

梁启超在《什么是文化》中说："文化者，人类心能所开释出来之有价值的共业也。"所谓共业，包含认识、规范、艺术、器用、社会等众多领域，如语言、哲学、道德、法律、文学、音乐、生产工具、制度、风俗等。

《中国大百科全书·社会学卷》记载："广义的文化指人类创造的一切物质产品和精神产品的总和；狭义的文化指语言、文学、艺术及一切意识形态在内的精神产品。"《中国大百科全书·哲学卷》记载："广义的文化包括人类的物质生产和精神生产的能力以及物质的和精神的全部产品；狭义的文化指精神生产能力和精神产品，包括一切社会意识形态，有时又专指教育、科学、文学、艺术、卫生、体育等方面的知识和设施，以与世界观、政治思想、道德等意识形态相区别。"

2. 西方人对文化内涵的论述

西方的"文化"用 Culture 一词来表示,其来源于拉丁文 Cultura,有耕种、居住、练习、注意和敬神等多种含义,从最初的表示物质性的栽培、种植等,逐渐引申出神明祭拜等含义,再后来逐渐转化为对人性情的陶冶、品德的教养等。

无论如何阐释"文化"的含义,其基本意义大致相同,即文化是由人所创造的,是人类在适应和改造自然的过程中所创造出来的物质财富和精神财富的总和。文化有广义和狭义之分。

(二)饮食

"饮",甲骨文写作 , ,金文写作 , 。"饮"即 **歆**,像人俯首吐舌于酒尊之上,表示饮酒。"食",甲骨文写作 , 。《说文解字》记载:"食,一米也。"指聚集的米。"饮食"合用一词,约始于春秋战国时期。《礼记·礼运》记载:"饮食男女,人之大欲存焉。"指出了饮食是人类最基本的生理需求。

饮食,既可以作名词用,指各种饮品和食物;也可以作动词用,指吃(喝)什么和怎么吃(喝)。

(三)饮食文化

饮食文化是人类文化的重要组成部分之一,是指人们在长期的饮食消费过程中创造和积累的物质财富和精神财富的总和,包括食物原料开发利用,食物制作和饮食消费过程当中的技术、科学、艺术以及以饮食为基础的习俗、传统思想和哲学等,也就是由人们食生产和食生活的方式、过程、功能等结构组合而成的全部食事的总和。

人类的食事活动,包括食生产,如食物原料的开发、生产、加工等;食生活,如食物原料的获取、流通、制作和消费等;食事象,也就是人类食事或与之相关的各种行为现象等;食思想就是人们的饮食认识、知识观念理论等;食惯制,就是人们饮食的习惯、风俗和传统等。可见,饮食就是关于人类或者一个民族,在什么条件下吃、吃什么、怎么吃、吃了以后怎么样等的学问。

二、饮食文化中的"味"

（一）"味"的含义

味，从口从未，未亦声。未，甲骨文写作 ✦ ，像多枝条之木形，指的是柔枝嫩叶。口指的是品尝，口与未联合起来，表示品尝新鲜的嫩叶，所以味的本意就是品尝时鲜菜，其转义就是时鲜菜的口感。《说文解字》记载："未，味也。六月，滋味也。五行，木老于未。象木重枝叶也。"滋，有美之意。《吕氏春秋·遇合》记载："若人之于滋味，无不说甘脆。"这里的甘是指人们通过味蕾感受到的甜味，而脆是食物刺激、压迫口腔引起的触觉。这就说明味的早期含义中，包含着味感和触感两个方面的感觉，也就是指食物含在口中的感觉。

（二）本味主张

中华民族饮食文化中，很早就明确并且不断丰富发展的一个原则，就是注重原材料的天然味性，讲究食物的隽美之味。成书于战国末期的《吕氏春秋·本味》中，就提出了一个"本味主张"，集中地论述了"味"的道理。"夫三群之虫，水居者腥，肉玃者臊，草食者膻，臭恶犹美，皆有所以"，意思是说，天下有三类动物，水里的味腥，食肉的动物味臊，吃草的动物味膻，无论是恶臭还是美味，都是有来头的，强调了烹调原料的自然之味。"凡味之本，水最为始。五味三材，九沸九变，火为之纪。"强调味道的根本在于水，酸、甜、苦、辣、咸五味和水、木、火三材都决定了味道。味道烧煮九次变九次，火是当中的一个关键。"时疾时徐，灭腥去臊除膻，必以其胜，无失其理"，一会儿火大，一会儿火小，通过疾徐不同的火势，可以灭腥、去臊、除膻，只有这样才能做好，不失去食物的品质。"调合之事，必以甘、酸、苦、辛、咸，先后多少，其齐甚微，皆有自起。"调和味道，离不开甘、酸、苦、辛、咸，用多、用少、用什么，全根据自己的口味来将这些调料调配在一起。这里阐述调和味道的技巧。"鼎中之变，精妙微纤，口弗能言，志弗能喻，若射御之微，阴阳之化，四时之数。"至于说锅中的变化，那就非常精妙细微，不是三言两语能表达明了，若要准确地把握食物精妙的变化，还要考虑阴阳的转化和四季的影响。"故久而不弊，熟而不烂，甘而不哝，酸而不酷，咸而不减，辛而不

烈，淡而不薄，肥而不腻。"所以久放而不腐败，煮熟了又不过烂，甘而不过于甜，酸又不酸得浓烈，咸又不咸到发苦，辣也不辣得浓烈，淡却不寡薄，肥又不太腻，这样才算达到了美味。这里阐述的是调和之后的理想效果。《吕氏春秋》的本味主张，从治术的角度和哲学的高度，对味的根本、食物原料自然之味、调味品的相互作用、变化、水火对味的影响等，均做了精细的论辩阐发，体现了人们对协调与调和隽美味性的追求与认识水平。

（三）调和之味

和是儒家学派的重要哲学观，是儒家讲人性修养的一种高深境界，即"和而不流""中立不倚"，"和"被专门阐述"中和观"的《中庸》推崇为"天下之达道也"。《礼记·中庸》记载："喜怒哀乐之未发谓之中，发而皆中节谓之和。中也者，天下之大本也。和也者，天下之达道也。致中和，天地位焉，万物育焉。"意思是说，喜怒哀乐没有表现出来，就叫作"中"，表现出来如果符合规矩，恰到好处，就叫作"和"，"中"是天下最大的根本，而"和"是天下通行的道理，努力达到中和，天地就各安其所，万物就发育生长了，只要人的修养能达到中和的境界，就会达到天地均安其位、万物繁荣生长的效果，即"天地位焉，万物育焉"。这种哲学观在饮食文化中的反映就是"和谐"。"和"在饮食文化中，则表现为非浓非淡，丰富而和谐，也即适中。带有浓郁的中国哲学调和味道。关于调和之味，《左传·昭公二十年》记载了晏婴十分精彩的阐述。晏婴说："和如羹焉，水火醯醢盐梅以烹鱼肉。燀之以薪，宰夫和之，齐之以味，济其不及，以泄其过。"意思是说，和谐就像做肉羹，用水、火、醋、酱、盐、梅来烹调鱼和肉，用柴火烧煮，厨工加以调和使味道适中。味道不够，就增加调料；味道太过，就减少调料。这里的"和"是寻求味的平衡与适中，融五味于一炉，细腻地"济不及，泄其过"，以达到味的最佳效果。可以说，饮食文化是味之"和"的艺术，以和为美是饮食文化存在的基础。"和"是饮食文化中的最高标准。

第二节　饮食文化中的"道"

饮食文化中的"道"也就是饮食文化的思想与哲理，这是中国饮食文化的精华。先秦诸子百家对中国人饮食、思想与哲理的形成都产生过深刻的影响。

一、孔子食道

孔子食道就是孔子的饮食思想和原则，是指孔子在总结历史经验的基础上，概括而阐发出来的关于饮食的系统性主张。作为记录孔子及其弟子言行的语录文集《论语》，其中有关肉、谷、粟、饭、菜、黍等的饮食描述多次出现。这些饮食描述主要反映出孔子两方面的饮食思想。

一方面，孔子对常居饮食的观点是简素尚朴。如《论语·述而》曰："饭疏食饮水，曲肱而枕之，乐亦在其中矣。不义而富且贵，于我如浮云。"意为吃粗粮、喝冷水，弯着胳膊当枕头，乐趣也就在其中了。用不正当的手段得来的富贵对于我来讲，就像天上的浮云一样。孔子认为，有理想、有志向的君子，不会总是为了自己的吃、住、行而奔波，在贫困艰苦的情况下，照样可以很快乐，无道义而得到的富贵是不好的。这体现了孔子在物质生活上安于简约淡素的态度。孔子生活的时代，无论是食物、食品结构、调制工具和方法，还是饮食习惯和风格，都是比较简陋和粗糙的，孔子在物质生活上安于简约，不仅是因为他的经济条件和生活态度，更重要的还在于一种思想操守，不贪图口腹之欲的满足。这种思想在《论语》中多次体现，如"君子谋道不谋食，君子忧道不忧贫"（《论语·卫灵公》），"君子食无求饱，居无求安"（《论语·学而》）。君子用心求道，而不费心思去求衣食；君子只担忧学不到道，而不担忧贫穷。君子食不追求饱足，居住不追求安逸。他把一个人对衣食的态度看作其品行操守的直接体现，其饮食生活实践则严格受制于自我约束修养的规范之中。这种饮食思想植根于他对人生意义的深切理解。

对于常居饮食，孔子主张简素尚朴，而对于祭祀饮食，他却主张洁美诚

敬。孔子在《论语·乡党》有一段很重要的论述:"食不厌精,脍不厌细,食饐而餲,鱼馁而肉败不食,色恶不食,臭恶不食,失饪不食,不时不食,割不正不食,不得其酱不食,肉虽多不使胜食气,惟酒无量不及乱,沽酒市脯不食,不撤姜食不多食。""精"在这里指颗粒完整的米。孔子所处的春秋时期谷物脱壳,采用杵臼捣的加工方法,这种加工方法的脱壳率和出米率都比较低,加工出的米常常伴有未脱尽壳的谷。"脍"是指肉类原料切后供生食的肴。为使生肉尽可能除腥味儿,就必须切得薄些、细些,味道能够更理想可口,也便于调料入味儿,更便于咀嚼和消化吸收。由于孔子时代用于切割肉类的刀具,主要是由青铜制的,如果不具有娴熟的刀工和极其认真的态度,是很难将肉料片割成细薄状的。可以理解孔子主张脍不厌细,不仅含有肴品可口的意义,同时也含有加工态度认真与否的问题。肉切得越薄,则越能表示敬祀鬼神的诚意。此外,孔子还认为食物经久腐败变味,鱼陈了和肉腐了,都不能吃;色泽异样了不能吃;气味儿不正常了不能吃;食物烹饪的夹生或者过熟了不能吃;不是进餐的正常时间不可以吃;羊、猪等生肉解割得不符合祭礼或者是分割得不合乎尊卑身份,不能吃;没有配置应有的酱物不能吃;席上肉虽然多,也不应该进食过量,仍然以饭食为主;只有酒不限量,但是却不至于醉;买回来的酒和肉干,(考虑到不纯正精洁)不可以吃;姜虽属于斋祭进食时的辛而不荤之物,也不应该吃得太多。这段话体现了孔子主张恪守祭礼食规以表示尊敬、慎洁、卫生的思想。

"食不厌精,脍不厌细"八个字,是孔子饮食思想的高度概括。如果略去斋祭礼俗等因素,我们可以看到孔子饮食主张的科学体系,即饮食要追求美好,加工烹制要力求恰到好处,而且要遵时守节,不求过饱,要注重卫生,讲究营养和恪守饮食文明。

二、道家的饮食观

道家是先秦时期的一个思想派别,其创始人一般认为是春秋时代的老子,他的代表作是《道德经》。《道德经·第二十五章》记载:"有物混成,先天地生。寂兮寥兮,独立而不改,周行而不殆,可以为天地母。吾不知其名,字之曰道,强为之名曰大。大曰逝,逝曰远,远曰反。故道大,天大,地大,人亦大。域中有四大，而人居其一焉。人法地，地法天，天法道，道法自然。"这段话对"道"进行了描述，即有一个东西浑然天成，在天地形成以前就已经存在。听不到它的声音，也看不到它的形体，寂静而空虚，不依靠任何外力而独立长存，永不停息，循环运行而永不衰竭，可以作为万物的根本。我不知道它的名字，所以勉强把它叫作道，再勉强给它起个名字叫作大。它广大无边而运行不息，运行不息而伸展遥远，伸展遥远又返回本原。所以说道大，天大，地大，人也大。宇宙之间有四大，而人居其一。人取法地，地取法天，天取法道而道纯任自然。

可以看出，道家认为道的主体规定性就是自然。道家非常崇尚自然，它的美学宗旨就是崇尚自然朴素的审美观，在饮食观念上也是崇尚自然和清淡，如"恬淡为上，胜而不美"（《道德经·第三十一章》），强调布置装饰最极品的境界，淡雅脱俗而恬静，如果太华美或者夸张，就超越了一定的限度，反而就不好了。道家把淡味看作百味之冠，淡味就是美味，烹饪技术中所谓的大味必淡，强调的是清淡美，追求的是质朴自然的本味，要求人们巧妙地利用原料的天然本性，食用后齿颊留芳，产生一种难以用言语表达的美感，把人带进一种典雅隽永的审美意境。

中国饮食文化是悠久农业生产传统的拓展，是农业文明的直接承继，其植根于泥土，以五谷为主食，以蔬菜为主要副食。因此，中国饮食文化也具有中国传统文化的特征，那就是天人合一、崇尚自然。中国饮食文化也就遵循了道家以自然为美的原则，也就是顺物原性，保持原物、原味、原形和原质。

第三节　北京饮食文化的历史

北京作为我国的首都，是历史悠久的文化古城，是中华民族文化的摇篮。北京的饮食文化，是中国饮食文化的缩影。北京饮食文化的历史指从夏朝之前至民国时期，这一时期主要分为以下五个阶段。

一、北京饮食文化的萌芽

第一个阶段是夏朝之前的萌芽期。据考古发现，早在旧石器时代，北京猿人、新洞人、山顶洞人就已经能够控制和利用火了，用火熟食具有划时代的意义。火的利用，可以说是烹饪史上的第一次重大突破，也是中国饮食文化的真正开端。到了新石器时代，在今天北京市平谷区附近发现了上宅文化遗址，这是北京地区迄今发现最早的原始农业萌芽状态的新石器时代的文化。陶器的发明，出现了烹煮法和汽蒸法。北京地区原始人类居住环境的变化，完全是基于饮食的需求，他们从最初的食肉寝皮到烧火为熟再到烹煮和蒸制。烹饪法的进步促使了食物来源更加多样化和稳定。于是，养殖和种植业开始兴起。

二、北京饮食文化形态的确立

第二个阶段是夏朝至春秋战国时期，为北京饮食文化形态的确立期。西周时期，周武王灭纣之后封召公于北燕，这就是北京历史上最早的城。北京建城已有3000多年的历史，就是从这个时候开始算起的。在都城的遗址上，即今天北京市房山区琉璃河镇董家林村，出土了大量的陶器，有鬲、簋、罐、罂等器型，是用于烹煮食物的。西周初期，一些墓葬出土了青铜礼器和陶器，青铜礼器包括鼎、卣、尊等。从青铜器的用途来讲，可以分为食器和礼器两大类，礼器除了用作明器之外，还用在各种祭祀和礼仪活动中，用它来盛食祭品。所以，从青铜器的用途来看，青铜文化在某种意义上来讲，就是饮食文化。

北京的昌平区曾经出土了一件3000多年前的青铜四羊尊酒器，作为畜牧业代表的羊与农业产品的酒能够结合在一起绝不是偶然的，这是两种经济交流结合的产物，说明远在3000年前，北京人的饮食就已经兼具了中原与北方游牧民族的特点。北京饮食文化最为显著的特点就是游牧和农耕两种不同经济方式的融合，这是一条北京饮食文化发展的主线，从3000多年前一直延续到了现在。据《周礼·夏官·职方氏》记载："东北曰幽州，其畜宜四扰，其谷宜三种。""四扰"指的是马、牛、羊、豕。"三种"就是黍、稷、稻，说明黍、稷在当时已经成为中国古代北方的主要农作物。《史记·货殖列传》记载：

"燕、代田畜而事蚕"，是将畜牧业的生产和桑蚕的种植生产并称，反映出桑蚕的种植生产已经非常普遍了。到了战国时期，北京地区盐的生产已经具有相当的规模，主要是海盐。《管子》记载："齐有渠展之盐，燕有辽东之煮。"可见，燕国的海盐煮制业是相当发达的，可以与齐国并称。调就起源于盐的利用，盐用于烹饪时的调味，是烹饪史上的第二次重大突破。春秋战国时期，北京饮食文化的基本形态就已经确立了，也就是以谷物为主、肉类为辅，而在谷物当中又以粟最为重要。

三、北京饮食文化的蓬勃发展

第三个阶段是秦朝至宋朝这一时期，是北京饮食文化蓬勃发展的时期。在这一时期，表现最明显的就是农耕与游牧饮食风味的融合。

第一，主、副食区分更加明显，形成了以谷物为主，辅以蔬菜加上肉类的饮食结构，奠定了农耕民族以素食为主导的饮食文化发展的趋势。

第二，北京与北方游牧民族相连，是农业和牧业共存的地域，饮食文化当中就渗透了游牧民族的风味。具体表现在五个方面：一是饮食方式发生了根本性的改变。先秦两汉时期，中国人是席地而坐的，而且是席地而坐食。魏晋南北朝时期，少数民族的坐卧具进入了中原，改变了人们以往的坐姿。如胡床，这种坐具必须两脚着地，这就改变了人们以往的坐姿，也大大增加了舒适程度。随着胡椅子、高桌、高凳等坐具的相继问世，合食制流行开来。随着桌椅的使用，人们围坐一桌进餐也就顺理成章了。二是面食进入了北京人的饮食领域。最早记载面食的是南北朝晚期的著作《齐民要术》这本书，它记载着饼、面条、面等的资料，说明东汉时期以后面食就已经由东亚经西域传入中国。中国古代的主食以黍和粟为主，面食方式的输入使得人们开始吃烙饼（胡饼），这就大大提高了米麦的使用价值。三是饮食的游牧民族风味更加凸显。中国古代有六畜之说，除了马以外，其他五种动物加上鱼构成了我国传统肉食的主要品种。北方多以牛羊肉为食，北方游牧民族大量入居北京之后，推动了畜牧业的迅速发展，羊成为当时人们最主要的肉食品种，比如烤全羊。四是外来人口尤其是中原人在北京定居后，为北京的饮食输入了大量的异地风味，与前代相比，这一时期的饮食风味更加多样，品类更加丰富，如面筋、北京烤鸭，还有

馄饨等都出现了。五是饮食胡化。唐太宗时期，一些突厥投降的士兵被安置幽州（即北京），突厥的原有部落几乎得以保存下来，幽州城就成为民族杂居融合的城市，可以想见，当时燕地的饮食已经相当胡化，其胡化程度较之其他都市更高。

四、北京饮食文化的成熟定型

第四个阶段是辽至清朝，是北京饮食文化的成熟定型阶段。辽金时代确立了北京都城的崇高地位，多民族杂居趋同存异，体现出来的饮食特点是多民族饮食文化，如当时汉人对于饮食瓷器颜色的喜好，就来源于契丹民族的一种白色崇拜。

元朝，燕京民族居民结构较之历代王朝更为复杂，使得游牧饮食风味进一步扩张。强大的蒙古王国把游牧饮食文化带入了大都，丰富了大都的饮食，如把牛、羊肉，奶制品，马、羊乳等都带进来了，"烤"的烹饪方式随即出现，如烤肉。从经济方式来看，北方蒙古族等游牧民族狩猎的习俗被带到了北京，影响了北京汉族农业的经济。

明朝，饮食文化趋于成熟。具体表现在三个方面。第一，饮食呈现出从简朴到奢华的发展态势。嘉靖之前，由于明朝社会各阶层成员的饮宴等日常生活的消费标准，需要遵循封建王朝礼制的严格定制和限定，所以饮食比较简朴。嘉靖之后，由于社会价值观的变化，各式商品日趋丰富，饮食发展态势趋向奢华。第二，饮食文化兼容并蓄、融会贯通。一是辽、金、元以来少数民族都在北京建都，北方各少数民族云集在北京，使得北京人的饮食生活渗入了浓郁的北方少数民族风味。二是当时山东人纷纷到北京开餐馆，使得北京的餐馆中，鲁菜的实力较为雄厚，山东风味充斥着明代北京的餐饮市场。三是当时消费群体文化层次相对比较高，他们的饮食追求大多秉承了宫廷饮食的境界，从而导致北京饮食在原本所具有的游牧饮食风格基础之上又多了一种儒雅的风味。第三，这一时期餐饮老字号的出现是北京饮食文化成熟的另一标志。据记载，早在明代，京城就已经出现了一些以风味取胜的著名饮食名店，这些店铺一直延续下来就成了老字号，如便宜坊。

清朝，是北京古代饮食文化的集大成时期。这一时期的饮食文化代表了整个封建社会时期的最高水平，在中国饮食文化体系中具有不可替代的崇高地位。第一，民族饮食文化的特点和融合得到了最为充分的显现。清朝，满族入关主政中原之后，发生了第四次民族文化大交融。汉族的佳肴美点，被满族化和回族化了，同时，满、回等兄弟民族的食品被汉族化了，如出现了奶皮的元宵、奶子粽、奶子月饼等，这是北京各民族饮食文化交流的一个特点。第二，宫廷饮食成为中国饮食文化最特殊的一部分。在清朝，宫廷饮食演进得更加完备，达到了不可超越的巅峰境界，统治集团欲壑难填的口味追求以及社会相对安定和各地物产的富庶，为宫廷饮食的辉煌提供了根本的条件。第三，清代官府和贵族饮食，不仅引领着饮食的时代潮流，而且成了市井饮食重要的组成部分。官府菜与官府文化关系密切，其中寄予了官宦家族的历史记忆，承载着一个家族兴衰的发展过程。第四，民间市井饮食的发展已经定型，最能体现北京民间市井饮食风格的烹饪技能和食品花样，均已经确立，一些特色名点，得到了北京人乃至京外人的普遍认同。

五、北京饮食文化的繁荣发展

第五个阶段是民国时期。这个时期是北京饮食文化的繁荣发展时期。辛亥革命以来，北京作为一个有着深厚饮食文化底蕴的大都市，饮食领域也受到了深厚的西方饮食观念和方式的强烈冲击。北京饮食文化史上的古代与现代的划分就是从这一时期开始的。此后饮食风俗的现代意味逐渐增浓，不断得到强化。民国时期饮食风俗的现代化，主要表现为大量国外饮食时尚的直接植入，由此出现了民族性习俗和国际化时尚并存的局面，二者的融合发展恰恰是民国饮食风俗现代化的一个进程。

第四节　北京饮食文化的发展

北京饮食文化的发展从新中国成立起至今，是同整个社会的发展历程联系在一起的。整体上来说，北京的饮食文化发展是与政治和社会环境密切相关

的，以改革开放为分界点，分为前、后两个阶段。这两个不同的阶段及其所具有的经济、政治和文化背景，对北京饮食文化的传承与发展影响巨大。

一、改革开放以前的北京饮食文化

在改革开放以前，整个社会环境的总体特点就是物资匮乏、社会固化、城乡分割、计划经济和抑制商业。这种社会特点对饮食文化的发展产生的影响，主要表现在食材的匮乏。人们是为食而食，当时最著名的一句口号是"人吃饭是为了活着，但活着并不是为了吃饭"。当时，温饱成为人们在饮食方面最首要和迫切的愿望。人们崇拜的饮食观是节约，反对铺张和浪费。当时的经济体制是计划经济，其对饮食文化方面的影响主要表现在人们在饮食生活当中的单一化。城市地区饮食生活没有选择，农村地区饮食生活因为集体的原因不允许人们有更多的选择。抑制商业就限制了人们在鸡、鸭、鹅、蛋等方面的买卖，无法改善和调节单一的饮食生活。对于饮食质量和就餐环境等方面的追求被视为资本主义生活方式的象征，所以在这样的社会环境中，饥饿成为当时许多人对那个年代的一个独特回忆。社会的固化就产生了两个方面的社会现实，一个是地域分割，另一个是城乡分割。地域分割就使得地区之间的社会流动十分困难，从而限制了地区之间饮食文化的传播和交流，但是也形成了各地各种具有独特地方特色的饮食文化。

（一）新中国成立初期到文化大革命前

在这一阶段，在城区地区，由于物资的紧缺，国家当时实行口粮和副食品定量供应的制度，当时人们使用各种票证购买日常的生活用品，普通城市居民家庭的粮、肉、油、蛋、奶等日常饮食都是十分拮据的。尤其是猪肉、鸡蛋一类价格比较昂贵的消费品，当时只有逢年过节或者招待客人的时候才能够见到。由于商品市场不开放及人们普遍收入比较低，导致饮食生活比较单调。这种单调的饮食生活不仅是由特定的国情决定的，同时也与特定时代的饮食观念密切联系在一起。当时，整个社会弥漫着一种共产主义的精神氛围，人们只讲生产，不讲吃饭。在这种情况下，从生产到消费都是由国家来决定的，人们没有任何选择的余地。那个时候，郊区生产的蔬菜品种也比较单一，每种蔬菜都是集中上市。此外，这一时期由于政府采取扶持、保护餐饮业的政策，所以一些著名的老字号餐馆成了政府外事接待和社会知名人士会客就餐的场所。由于当时处于中苏友好时期，所以苏联的饮食方式受到了追捧。

（二）文化大革命开始到改革开放前

"文革"期间，从农村到城市各地，普遍掀起了文化大革命的热潮。在农村地区，由于青壮年劳动力大量参与到各种批斗、开会及政治学习中，导致农业生产受到了影响，集体公社的一些养猪等副业也都荒废了。在餐饮业，城内的老字号成了封资修的象征，许多知名餐馆被迫改名，如全聚德改名为北京烤鸭店，东来顺改名为民族餐厅。餐馆的服务方式也从原来服务到桌、饭后结账改为顾客自我服务，自己到窗口取餐、自己结账，甚至自己刷碗。当时，多数餐馆为了简化服务就采用了先结账后上菜的办法。

二、改革开放以后的北京饮食文化

改革开放以后，国家改变了原有的经济体制和社会发展模式，确立了社会主义市场经济体制，各方面的能动性都得到了极大的提高，物资不断充裕，城乡居民的恩格尔系数在不断下降，人们的生活也得到了极大的改善，人们的生活从温饱状态过渡到了小康水平。以经济发展为中心的政策，使得包括商业服务业等在内的第三产业得到了极大的发展。在这种情况下，社会流动不断加快，区域之间、城乡之间的交流日益活跃，中外之间的交流也逐渐增多，这使得原有的社会固化状态被打破，物资流动更加顺畅，人员往来更加频繁，逐渐形成了全国性的大市场。改革开放以后，北京的饮食文化发展也可以分为两个阶段。

（一）改革开放到 20 世纪末

改革开放政策的施行，不仅使得北京的饮食市场打破了原有国营食堂一家独大的局面，而且丰富了人们的饮食生活。农村地区施行的家庭联产承包责任制极大地调动了农民的个体积极性，农业生产逐渐好转。于是，物资短缺的局面开始改观，人们的饮食生活越来越丰富，从以粗粮为主转移为以细粮为主，猪肉、鸡蛋等食品不断地出现在人们的餐桌之上。随着经济的发展，城市与乡村的饮食方式和观念逐渐互相渗透。随着中外交流日益频繁，中餐馆在世界各

地遍地开花，中华美食得到了世界的认可。与此同时，京外、国外的饮食文化也在北京迅速传播。随着现代物流业的发展，交通的改善和冷链保鲜技术的发展，人们的饮食选择日益多样化，各种大型超市，每天都有各种新鲜的蔬菜、水果供人们选择。大量粮、油、水果等食物的进口，也使得人们的饮食种类越来越丰富。此外，各级各类的烹饪、饮食文化教育也逐步发展起来，不仅传播了许多实际的烹饪技能，培养了许多一流的厨师，而且使得饮食文化成为学术研究的对象，从而使我们对饮食文化发展的历史、变迁和实际发展中的各种问题获得了学理探究的可能。

（二）21世纪初至今

第一，由于互联网的兴起，共享经济、物流业的蓬勃发展，越来越多的消费者采用网购的形式购买食物以及食品。同时，电子商务的迅猛发展影响了餐饮业，越来越多的餐饮企业利用大众点评、美团、饿了么等第三方平台进行网上的产品营销和售卖。第二，餐饮企业也大量使用微信公众号、小程序等进行充分的自媒体营销，通过自媒体来宣传营销自己的餐饮产品。第三，人工智能在餐饮企业当中的使用越来越多，如智能机器人服务、智慧餐厅等。第四，中外之间、各地区之间、各民族之间的饮食文化交流与融合越来越频繁，出现了私房菜、创意菜等。21世纪至今，我们饮食文化的交流越来越频繁，食品越来越丰富，购物方式和购买方式越来越创新，这是北京饮食文化乃至中国饮食文化繁荣发展与创新的阶段。

参考文献：

［1］万建中.北京建都以来饮食文化的时代特征［J］.新视野，2012（5）：106-109.

［2］万建中.北京饮食文化的滥觞与定型［C］//全面小康：发展与公平——第六届北京中青年社科理论人才"百人工程"学者论坛，北京，2012.12.13.

［3］邓苗.当代北京饮食文化的传承与发展［J］.民间文化论坛，2016（2）：82-89.

单元测试

单选题

1. 以下哪句没有强调烹调原料的自然之味（　　　）？

A. 水居者腥　　　　　　　　　B. 肉玃者臊

C. 草食者膻　　　　　　　　　D. 酸而不酷

2. 以下对"食不厌精"中"精"的含义解释正确的是（　　　）。

A. 完美　　　　　　　　　　　B. 细致

C. 颗粒完整的米　　　　　　　D. 熟练

3. 烹饪史上第二次重大突破的标志是（　　　）。

A. 用火熟食　　　　　　　　　B. 盐的利用

C. 主、副食区分　　　　　　　D. 陶器的发明

4. 以下哪个不是改革开放后北京饮食文化的特点（　　　）？

A. 人们只讲生产，不讲吃喝　　B. 以细粮为主

C. 餐饮业电子商务迅速发展　　D. 国营食堂不再一家独大

作业

请阅读《论语》，并将其中描写饮食的语句找出，分别归类，并说明归类的原因。

课堂讨论

如何理解饮食文化中的"味"？

第一单元　单元测试答案

单选题

1. D　　2. C　　3. B　　4. A

第二单元
皇城根下的小吃

第一节　小吃概述

一、小吃概念

小吃是一类在口味上具有特定风格特色的食品的总称。在这个概念里有两个关键词：口味和特定风格特色。不同地域、不同文化，形成了不同的小吃和不同的小吃文化。

北京作为六朝古都，历史悠久，居民构成相对复杂，各民族饮食文化在此交融互通，留下了很多民族食品。北京五方杂处，政治、经济、文化融合交流，更促成了食品的多样化，既有来自宫廷御膳的豌豆黄、艾窝窝，也有来自民间的豆汁、焦圈，还有来自民族食品的炸卷果、爆肚，甚至包括受西餐影响的奶油炸糕。

清代《都门竹枝词》记载："三大钱儿卖好花，切糕鬼腿闹喳喳，清晨一碗甜浆粥，才吃茶汤又面茶，凉果炸糕甜耳朵，吊炉烧饼艾窝窝，叉子火烧刚卖得，又听硬面叫饽饽，烧卖馄饨列满盘，新添挂粉好汤圆。"《都门竹枝词》里出现了好多北京小吃的名字，如艾窝窝、甜耳朵、面茶、茶汤等，这些小吃都是在庙会或者街边集市上叫卖，人们一般在逛街时无意中就会碰到，老北京人非常形象地称之为"碰头食"。

北京小吃讲究很多，每一款经典小吃都透着浓浓的京味和京韵。京味文化是老北京人对生活的一种毫不妥协的追求，无论身处何地，老北京人对生活的热爱、对生活品质的追求始终如一，这种精神也渗透到了老北京小吃的文化中，赋予了它丰富的生活气息和细致的情感体现。北京小吃多数品种价格不贵，但讲究货真价实、真材实料，如做豆汁讲究用京东八县的绿豆，切糕得用密云小枣，做羊头肉讲究用"四六口"的羊。这些"讲究"充分体现了北京人对生活的热爱和追求，对传统小吃文化的保护和传承。

二、北京小吃分类

北京小吃的分类方法很多，有根据烹饪工艺分类的，也有根据小吃来源分类的，无论哪种分类，都体现了北京小吃的历史悠久和种类繁多。第一种分类方法是按照烹饪工艺来分类，即根据小吃的制作工艺来分类。第一类是烙烤类，即通过烙制和烤制制成的小吃，如糖火烧、螺丝转、肉末烧饼等。第二类是蒸煮类小吃，通过蒸或煮而制成的小吃，如豆汁、包子、茶汤等都属于蒸煮类小吃。第三类是煎炸类的小吃，通过煎制和炸制工艺制成的小吃，如灌肠、馓子麻花、焦圈、蜜麻花等，这些都属于煎炸类的小吃。第四类是烩汆炒类的小吃，如卤煮火烧、炒肝、炒麻豆腐等，都属于烩汆炒类小吃。

小吃分类的第二种方法是按照小吃的起源来分类。如果这种小吃起源于满族宫廷小吃，如艾窝窝、豌豆黄等，称之为宫廷小吃。如果这种小吃来源于回族清真小吃，如爆肚、烤肉、白水羊头等，称之为清真小吃。还有一类就是汉族平民的小吃，如炒肝、卤煮、银丝卷等，这些都属于汉族平民小吃。

三、中华名小吃

1998年，中国烹饪协会举办了一场评选中华名小吃的活动。中华名小吃指的是在我国范围内制作的中餐里，具有地域性和民俗性，通过蒸、炸、煮、烙等烹饪技法制作而成的，不属于大菜类，也不属于一般主食类的风味饮食制品。从概念里可以看出中华名小吃指的是饮食制品，有吃的、有喝的，并经过美食专家评论组按照相应的评选标准、评选程序评选出来的。

为了促进全国各地小吃的传承和发展，2017年，中国烹饪协会开展了中国地域十大名小吃评比活动，这次评选经中国烹饪协会专家组综合认证，全国共有31个省、市、自治区的310个小吃入选"中国地域十大名小吃"，284家企业入选"中国地域十大名小吃"代表品牌企业。

北京市被评为中国地域十大名小吃的是：艾窝窝、北京包子、老北京炸酱面、炒肝、豆汁儿、卤煮火烧、驴打滚、芸豆卷、都一处烧卖和豌豆黄。

四、北京小吃好去处

在北京，有诸多名声在外的小吃好去处。第一个是磁器口的锦芳回民小吃店，原名叫"荣祥成"，1926 年由山东德州人满乐亭在崇文门外大街路东创建，是以经营清真京味小吃、元宵和月饼名满京城的中华老字号。其主营的清真京味小吃做工精细、用料讲究，深受京城百姓的喜爱。锦芳小吃曾荣获北京烹饪协会、北京商报颁发的"2012 年度北京餐饮（综合类）十大品牌"。锦芳小吃的主要产品有：奶油炸糕、一品烧饼、蜜麻花、艾窝窝、开口笑等面点；面茶、丸子汤、炸豆腐汤等流食以及系列元宵、系列月饼等产品。锦芳品牌是北京市著名商标、中华老字号，锦芳元宵制作技艺被列入北京市东城区级非物质文化遗产名录。锦芳自产的元宵是北京元宵中的名品，每逢元宵节，锦芳门前就会排起长龙，成为老北京一景。锦芳元宵最大的特点是好煮易熟，开锅即浮于水面，熟后涨个，皮松馅软，黏韧适宜，香甜不腻。自 1986 年起连续被评为"北京市优质产品"，并被列为免检食品。1997 年，被中国烹饪协会认定为"中华名小吃"。锦芳月饼也多次被北京市饮食行业协会评为"优质月饼"。其特点是皮质松软、甜香醇厚、营养丰富。

第二个是护国寺大街的护国寺小吃。护国寺小吃起源于元朝，至今 300 余年，自 1956 年公私合营以来，一直保持着老北京传统品种和风味的同时，不断推陈出新，逐渐适应着现代人的口味变化和不同需求。作为老字号企业，护国寺小吃始终以质量上乘、经济实惠、顾客至上为经营宗旨，赢得了京城和全国各地宾客的喜爱以及国际友人的赞誉。其于 1997 年成立小吃公司，开始了连锁化经营的道路，目前在北京已经拥有门店 44 家，遍布京城各个区县。护国寺小吃经营的品种多达百余种，从加工方式上，分为年货、蒸货、炸货、煮货、烙货和流食等品种，会聚了京味小吃之精华，如艾窝窝、豌豆黄、豆面糕、蜜麻花、豆汁、焦圈、面茶、杂碎汤等北京传统小吃。1990 年，护国寺小吃被选定为第十一届亚运会运动员清真餐厅的特供品种。1999 年春节，"护国寺小吃"赴新加坡参加"春到河畔迎新年"活动，精美的小吃不仅受到了新加坡市民的交口称赞，而且新加坡总理吴作栋用护国寺小吃宴请招待各国使节，精美的小吃由此登上了"国宴的餐桌"。2004 年 11 月，护国寺小吃应

邀参加中国澳门第四届美食节活动，也得到了澳门市民的一致好评。2007年，护国寺小吃远赴新西兰，参加中新建交35周年庆典活动，再一次引起了轰动。2011年2月，护国寺小吃又赴中国台湾参加海峡两岸民俗庙会，彰显了小吃的魅力。护国寺小吃还先后参加了"世妇会""第13届世界档案大会""国际石油大会""国际美食盛典""清真美食节"及历次"全国两会""党代会""对外友协"等重要会议和活动，出色地完成了食品供应保障工作。护国寺小吃一直深受各地名人、名家的喜爱。著名学者舒乙为护国寺小吃题字做匾，中国伊斯兰协会会长陈广元大阿訇为护国寺小吃用阿文书写"北京清真小吃第一店"。护国寺小吃店的"焦圈"被中国烹饪协会认定为"中华名小吃"。2009年，护国寺小吃被中国商务部认定为"中华老字号"。同年，护国寺清真小吃制作技艺被北京市政府、北京市文化局认定为"市级非物质文化遗产"。2010年，被北京烹饪协会评为"北京餐饮50强"。2013年，被北京电视台授予"最具影响力的十大品牌"。2014年，被北京烹饪协会授予"北京餐饮百强门店"。同年，被中国烹饪协会授予"中国餐饮500强门店"。

第三个是九门小吃，是根据老北京四九城的称谓而来的，给它取名叫九门小吃，也是对老北京文化的传承。九门小吃会集了11家由于前门改造而一度告别的老字号小吃店，热闹非凡，这里会集了月盛斋、爆肚冯、茶汤李、年糕钱、奶酪魏、羊头马、豆腐脑白等十几种老字号的小吃，尤其是许多包间的名称是以"前门""崇文门"等北京地名来命名的，尽显老北京风味。

第四个是牛街。北京有句俗话："北京的小吃在宣武，宣武的小吃在牛街。"牛街是北京回民聚居地，牛街以及附近的胡同布满了清真和老北京风味的小吃店和大餐厅，豆汁、爆肚这些传统小吃在这里占据着相当重要的地位。位于清真女寺北的输入胡同，布满了卖牛羊肉的小店，据说这里的牛羊肉是全北京城最优质的牛羊肉，很多北京人慕名而来购买。回民群众喜爱的清真正兴德茶庄、聚宝源火锅城、鸿顺轩、年糕钱等老字号聚集于此。

第五个是万丰小吃城。万丰小吃城位于北京丰台丽泽国际金融区内，营业面积19000平方米，可同时容纳2000人用餐，这里会聚了全国各地小吃3000余种，北京小吃有炒疙瘩、门钉肉饼、炒肝、豆汁、艾窝窝、炸灌肠等，人们在这里可以足不出户尝遍北京小吃和来自全国各地的传统美食。一层、二层是全国各地特色小吃，三层有 3000 平方米的空中花园和《中华小吃博物馆》近千种老物件和老照片，记载着中国百年传统饮食文化的变迁。万丰小吃是中外游客了解中国、感受传统饮食文化的重要窗口。

第二节 蒸煮类小吃

蒸煮类小吃主要是通过蒸制和煮制工艺制成的小吃。蒸煮类小吃在北京小吃里占有非常重要的地位，品种非常多，如豌豆黄、艾窝窝、驴打滚、包子、酸梅汤、杏仁豆腐等，这些都属于蒸煮类小吃。

一、豌豆黄

豌豆黄颜色亮丽、口感细腻。豌豆黄的用料主要是豌豆和白糖。在北京，仿膳饭庄和颐和园听鹂馆的豌豆黄都非常著名。

豌豆黄的主要原料是豌豆，豌豆有哪些功效？第一个功效是可以提高人体免疫力，因为豌豆里富含维生素 C、维生素 E，还有一些多酚类的物质。第二个功效是有助于预防动脉硬化。中老年人比较容易得的一种病是动脉硬化，豌豆里含有胆碱和蛋氨酸，这些物质可以有效地预防动脉硬化。第三个功效是增强饱腹感，主要是因为豌豆含有丰富的膳食纤维，吃到胃里以后有饱腹感，进食就会减少，从而可以减肥。

豌豆有丰富的营养价值，每 100 克鲜豌豆含 7.2 克蛋白质，等同于等量的豆腐。豌豆富含 B 族维生素，如维生素 B_1 是豆腐的 18 倍、维生素 B_2 是豆腐的 2.5 倍。豌豆富含维生素 C 和胡萝卜素，这两种物质都有抗氧化、抗衰老的功能。中医认为，豌豆性味甘平、利小便、生津液，并且有通乳的功效。豌豆的营养价值丰富，功效又特别多，是不是可以天天吃、顿顿吃呢？不是。豌豆也有食用禁忌，对豌豆过敏的人，一定不能吃豌豆黄；胃肠功能比较弱的人群，也尽量少吃豌豆黄；制作豌豆黄的时候，里面加了白糖，糖尿病患者一定注意，少吃豌豆黄。

二、艾窝窝

艾窝窝是北京的传统风味小吃，是一种清真小吃。相传皇宫中有一位回族厨师，时常做些清真小吃自己享用。有一日，这位厨师正在吃艾窝窝，后宫的宫女进厨房取东西，发现了它的美味，于是给皇后带了一些回去，皇后吃后大赞美味，便下令让这位厨师继续做艾窝窝，称它为御艾窝窝。后来传到民间，这个御字就不能用了，所以现在名字叫艾窝窝。明朝万历年间刘若愚的《酌中志》说："以糯米夹芝麻为凉糕，丸而馅之为窝窝，即古之'不落夹'是也。"

艾窝窝的用料是江米，馅心一般会用白糖、干果、红豆沙等，艾窝窝的最上面用京糕做点缀。制作艾窝窝用的江米是什么？江米就是糯米，糯米分两种，一种是籼糯米，另一种是粳糯米，籼糯米就是做艾窝窝用的江米，细长型的。粳糯米就是圆江米，艾窝窝做完后可以直接食用。《首都杂咏》曾记载："形似元宵不用摇，豆黄玫瑰馅分包。外皮已熟无须煮，入口甘凉制法高。"充分彰显了艾窝窝的外形、馅心、口感等重要内容，令人回味无穷。

艾窝窝用的主要原料是江米，有哪些功效呢？中医认为，艾窝窝可以温暖脾胃，补益中气，从营养角度看，这是因为江米富含B族维生素。江米的第二个功效是收涩作用，如对尿频、自汗这些人都有一定的作用。艾窝窝也有饮食禁忌。首先，老年人、儿童等消化不良的人群，尽量少食用。其次，由于在制作艾窝窝的过程中，里面会加糖，并且江米自身富含淀粉，水解后能产生糖，因此糖尿病患者在食用艾窝窝的时候一定要注意适量摄入。

三、驴打滚

驴打滚这个名字非常形象，就像小驴在郊外欢腾地满地打滚，黄色尘土随之飞扬。驴打滚的用料主要是糯米面、豆沙馅和黄豆面。驴打滚中的夹卷是豆沙馅，表皮的黄色粉是黄豆面。

驴打滚在食用的时候也需要注意，对于急性胃炎、慢性浅表性胃炎的患者来说，尽量不吃，不要加重病症。另外需要注意的就是老人、儿童这些肠胃消化能力比较弱的人群，也尽量少食用。

四、芸豆卷

芸豆卷制作精细，外皮颜色洁白，馅料细腻香甜。外形美观精巧，颜色鲜明，带着芝麻馅的浅黄或澄沙馅的棕红，横断面是云状图案花纹，如同工艺品，吃起来质地细腻、清爽利口。芸豆卷讲究"匀"和"细"。首先，芸豆卷的皮厚薄要均匀；其次，馅的厚度也要均匀；最后，卷的手劲也要均匀。"细"指的是豆泥口感要细腻、澄沙颗粒要细腻、成型时卷制要细致。北京听鹂馆饭庄和仿膳饭庄制作的芸豆卷都很著名，是老北京小吃十三绝之一。

白芸豆富含蛋白质、膳食纤维、淀粉酶、钾、皂苷等成分，对预防动脉硬化、心脏病、高血压等疾病的发生有一定作用，可以促进脂肪代谢。

五、杏仁豆腐

杏仁豆腐是老北京夏令小吃中比较"高档"的冷食。老北京人有个不成文的讲究，吃凉粉可以随意在街头小摊站着吃，没人笑话，如同喝豆汁，不讲身份差别。而吃杏仁豆腐，则一定要在店里吹着凉风、坐在座位上吃，这代表身份。杏仁豆腐一定要凉吃，浇上糖水，吃上一口，沁人心脾。在北京，奶酪魏的杏仁豆腐备受推崇。

图 2-1 是 2019 年北京联合大学旅游学院餐饮管理系的学生在"北京—华盛顿友好城市结交 35 周年"活动上为中外友人制作杏仁豆腐。

图 2-1 外宾品尝杏仁豆腐

杏仁富含膳食纤维、VE 等物质，有益于通便。杏仁中的苦杏仁苷经过人体代谢，分解产生氢氰酸和苯甲酸，这两种物质对呼吸中枢都有很好的抑制作用，在止咳平喘方面的作用比较明显。

六、小窝头

清朝末期，八国联军入侵北京，慈禧太后一行人慌忙向西北逃跑。经过长时间的奔波，惊恐不安的慈禧已是饥肠辘辘，想要传膳，发现没有带寿膳房的厨师。于是，她住的那户人家只能将庄稼人的粗茶淡饭奉上，慈禧饥不择食，大口吃起来，发现这个黄澄澄的食物香甜无比，问是什么？太监回道："窝头"，慈禧记住了名字。《辛丑条约》订立后，慈禧回宫，依旧花天酒地，唯独难忘窝头美味。这难坏了寿膳房的厨师，老佛爷食不厌精、脍不厌细可是出了名的，厨师绞尽脑汁，在保留窝头外形的原则下，采取小而精的做法，终于做出了袖珍窝头并博得了慈禧的喜爱，这就是流传至今的"宫廷小窝头"。

小窝头，长得确实比较娇小。用料主要是玉米面、黄豆粉和白糖。玉米面需要过箩，这样才细腻。小窝头要趁热吃，在较为正式的宴会上，小窝头作为宴会最后的热点心上桌，随同的还有炸酥盒子、炸三角等小点心。吃热点是对整个宴会的补充，也是宴会的尾声。

小窝头不仅营养丰富，而且对身体有很多益处。玉米面和大豆面都含有不饱和脂肪酸、VE 和大豆异黄酮等物质，对降低胆固醇、预防心脑血管疾病、延缓人体的衰老有一定作用。玉米面和黄豆面中的氨基酸是互补的。玉米里缺少赖氨酸，而黄豆里赖氨酸含量高，这两种原料搭配在一起，实现了营养平衡的目标。

七、银丝卷

银丝卷是洁白的面皮里卷着银丝，用面皮包裹面条，上锅蒸制，即成银丝卷。银丝卷是汉族的传统小吃，也是京津地区的著名小吃。银丝卷以制作精细，面内包以银丝缕缕而闻名，很漂亮。银丝卷除了可以蒸制之外，还可以放到烤箱里烤成金黄色，也可以入油炸，炸成金黄色，一般作为宴会的点心呈现在大家面前。

银丝卷从外观看色泽洁白，吃到嘴里柔和香甜，为什么会香甜？因为银丝卷含有淀粉，淀粉经过口腔中的淀粉酶分解后会产生糖，所以吃银丝卷的时候会感觉银丝卷很香甜，软绵油润，余味无穷。

八、包子

包子是蒸煮类小吃里一款很重要的小吃。包子在北京小吃里，分为回民包子和汉民包子，回民包子外形不提褶，没有褶皱，酷似一个大饺子，馅主要以牛、羊肉馅为主。薄皮大馅，暄腾软和，食用时配上豆腐脑，香香的一顿美食。

汉民的包子是多褶的，收口处类似鸟笼顶部，称为提褶包子。一般技术比较好的厨师，提褶能提到 18~24 褶，特别漂亮。汉民的包子主要是以猪肉馅为主，也有牛肉馅的包子。猪肉包子配炒肝，也可以配炸丸子汤或炸豆腐，都是绝美搭配。

图 2-2 和图 2-3 是北京联合大学旅游学院餐饮管理系学生在参加"北京—华盛顿友好城市结交 35 周年"活动上为中外友人展示提褶包子制作工艺，并为中外友人提供品尝机会，现场也是排起了长队，大家对北京小吃很感兴趣，纷纷排队观看和品尝。可以看出，北京小吃在国际舞台上闪闪发光。

图 2-2　学生现场制作提褶包子　　图 2-3　邀请现场观众品尝提褶包子

九、烧卖

烧卖，有不同的称谓。"烧"字有时会写"稍"，"卖"有时会写"麦"。

烧卖起源于元代初期今内蒙古呼和浩特一带的商途茶馆。到了明清时代，"稍麦"一词虽仍沿用，但"烧卖""烧麦"的名称也出现了。《儒林外史》第十回写道："席上上了两盘点心，一盘猪肉心的烧卖，一盘鹅油白糖蒸的饺儿。"清朝乾隆年间的《竹枝词》有"烧麦馄饨列满盘"的说法。

时至今日，各地烧卖品种更为丰富，制作更为精美。河南有切馅烧卖，安徽有鸭油烧卖，杭州有牛肉烧卖，江西有蛋肉烧卖，山东临清有羊肉烧卖，苏州有三鲜烧卖，湖南长沙有菊花烧卖，广州有干蒸烧卖、鲜虾烧卖、蟹肉烧卖、猪肝烧卖、牛肉烧卖和排骨烧卖等，都各具地方特色。

在北京，比较知名是都一处的烧卖，即京味烧卖。北方麦子在四五月间麦梢上有一层白霜，而烧卖的收口处也有好似白霜的面粉，因而得名。都一处烧卖制作技艺是国家级非物质文化遗产。都一处烧卖馆坐落在前门大街 38 号，始建于乾隆三年（1738 年），距今已有近 300 年的历史，是北京有名的百年老店之一，也是中华老字号。相传乾隆十七年的大年三十晚上，乾隆皇帝从通州微服私访回京途经前门，当时所有的店铺都已关门，只有这家"王记酒铺"亮灯营业，便进店用膳，由于招待周到、酒味浓香、小菜可口，所以对小店产生了兴趣，便和店主闲谈起来，询问酒店叫什么名，店主回答"小店没名"。乾隆听后说："此时京城开门的就你一家，就叫'都一处'吧！"乾隆回宫后亲笔题写了"都一处"店名，将其刻在匾上，几天后宫中派人送来这块虎头匾。从此"都一处"代替了"王记酒铺"，生意十分红火。

乾隆赐匾后，店主王瑞福将乾隆坐过的椅子用黄绸子围起来，名曰："宝座"，不许别人再坐，像供神一样供起来。从大门至上楼处，因乾隆走过，这条甬路不得扫地，以留遗迹。因天长日久，行走带进的泥土越来越高，形成一道土埂，后被称为"土龙"，这条"土龙"在清代被列为北京城的"古迹之一"，和永外"燕墩"齐名。清朝《都门纪略·古迹》记载："土龙在柜前高一尺，长三丈，背如剑脊"。清嘉庆二十四年（1819 年），苏州文人张子秋慕名到都一处，酒饭后写道"都一处土龙接堆柜台，传为财龙"。并写下诗句："一杯一杯复一杯，酒从都一处尝来。座中一一糟邱友，指点犹龙土一堆。"

都一处烧卖每张烧卖皮不少于 24 个褶皱，寓意着二十四节气。烧卖形如花朵，封口露馅不干，洁白晶莹，馅多皮薄，清香可口，具有极高的观赏价值和食用价值，食之香而不腻，回味无穷，堪称一绝。

十、山药糕

山药糕，原料主要是山药、面粉、澄沙馅等。山药糕是一种比较传统的药膳，山药是药、食两用材料，中医认为山药糕有健脾益肾的功效。

山药中富含黏蛋白、干扰素、钾、铁、锰、铜等矿物质，有益于降低血压，预防动脉硬化，提高人体免疫力。山药中的胆碱和卵磷脂，对提高记忆力有一定作用，尿囊素可以起到麻醉镇痛的作用。

山药天天吃，多吃行不行？它有哪些禁忌？对于消化性溃疡还有肝硬化的患者来说，可以吃山药，但蒸的山药、炖的山药尽量少吃，爆炒的、醋熘的山药对于容易上火的人慎重食用。需要注意的是山药不要跟碱性的药物同时服用，比如有的人可能胃酸分泌过多，要吃一些小苏打片等，当在服用小苏打片的时候，尽量不要吃山药。

十一、酸梅汤

曾有诗曰："搭棚到处卖梅汤，手内频敲忒儿当。伏日蒸腾汗如雨，一杯才饮透心凉。"《燕都小食品杂咏》有咏酸梅汤诗一首："梅汤冰镇味酸甜，凉沁心脾六月寒。挥汗炙天难得此，一闻铜盏热中宽。"由此可见，炎炎夏日，喝一杯酸梅汤，尤其解渴爽心。酸梅汤汤色深褐清亮，味道酸甜清香。它的用料主要是乌梅和山楂。老北京人制作酸梅汤已有千年的历史。古时候，一到夏天，售卖酸梅汤的商贩便敲着冰盏走街串巷，他们所到之处，总会留下一连串的清脆声音，一碗酸梅汤喝下去，夏季的酷热也荡然无存了。

清朝嘉庆年间，《都门竹枝词》中的"铜碗声声街里换，一瓯冰水和梅汤"形象地描述了老北京人爱喝酸梅汤的场景。曹雪芹曾在《红楼梦》中写道："贾宝玉挨揍后向贾母撒娇要酸梅汤喝"，据传乾隆皇帝也爱喝酸梅汤，乌梅成熟的季节，无论是饭前还是饭后，他都要喝上一口。由此可见，无论是宫廷的达官贵人还是平民百姓，大家对酸梅汤的喜爱都已深入骨髓。

酸梅汤有抗疲劳、止渴、增进食欲和辅助治疗消化不良疾病等作用，主要是因为酸梅汤里的乌梅含有丰富的有机酸。

酸梅汤虽然在夏天带来了一丝凉爽，但是也有饮食禁忌。第一个禁忌是一次不要喝太多，喝多了容易上火。中医认为，过量摄入酸梅汤，胆会发热，鼻内生疮，体内酸碱平衡就失衡了，所以夏天喝酸梅汤时不要贪杯。酸梅汤的第二个禁忌就是中医认为酸梅汤性凉，容易伤脾胃，所以喝酸梅汤时，一定要注意摄入的量。

十二、茶汤

茶汤是老北京的传统小吃，虽然名字里有"茶"，但跟茶没有关系，只是茶汤需要用热水冲泡，与冲泡茶叶类似，故名之。相传茶汤起源于明朝，明清时期是宫廷御膳房的美食，后来传到民间，即成了百姓喜爱的小吃。明朝时谣："翰林院文章，太医院药方。光禄寺茶汤，武库司刀枪。"文武药食并列，而食推茶汤，可见其当时风靡朝野、脍炙人口的状况。最早老北京茶汤很讲究，必须一次冲熟，否则半生不熟，影响口感和味感。茶汤配料调好，铜壶中开水正好，一手执碗，一手拿着壶柄，双腿半蹲，这样才能站稳，碗和壶嘴正对着，水一出，手里的碗还得随时变换位置高度，需要掌握水的量度还有茶汤的薄厚度，力度和尺寸都有讲究，水也不会溢出来，茶汤也不会溅得到处都是。冲出来的茶汤晶莹透亮，吃到嘴里圆润滑爽、口感丰富。茶汤的吃法也很讲究，相传有两种吃法，一种是将各种配料和汤搅拌在一起，先感受汤的浓稠与润滑，再咀嚼配料，配料的香味更加浓郁。另一种是切着吃。用勺子从上往下横切，汤和配料既同时在勺子里，又互不相干，一口吃到嘴里，既能感受到细腻爽滑，又能体验到配料的嚼劲，味感层次丰富。

作为北京的传统小吃，在北京有很多经营茶汤的店铺，其中比较著名的就是茶汤李，从1858年开始在北京厂甸摆摊卖茶汤，到今天已经160多年的历史了，是正宗的老字号店铺。茶汤李的创始人李同林是清朝咸丰年间人，以做茶汤著称，经常进宫给太后制作茶汤。他在东安市场设置摊位售卖茶汤，吸引了无数本地食客。后来，他又在白塔寺山门前有了自己的铺面，中华人民共和国成立时，茶汤李已经在北京茶汤市场上占据了重要地位。

茶汤的用料主要是用糜子粉（有的地方是用高粱面），往里面再加红糖、白糖。糜子是最古老的五谷之一，自古就被称为最佳食材之一。糜子面是黍子去壳后变成了黄米，然后把黄米磨成粉，就变成了糜子面。喝茶汤或吃茶汤的时候，一般配的是糖火烧或者蛤蟆吐蜜。糖火烧和蛤蟆吐蜜都是北京小吃里非常有名的小吃。

茶汤是用糜子面制作而成，而糜子面是由黄米磨制而来，黄米含有丰富的蛋白质、碳水化合物，还有 B 族维生素、维生素 E 以及锌、锰、铜等矿物质，营养丰富。但也不是所有人都可以毫无顾忌地喝茶汤，对于体弱多病的人来说可以喝茶汤，但是不能喝太多，一定要有量的限制。对于身体燥热的人，尽量不吃黄米，要不会加重症状。由于茶汤制备过程中里面会加糖，所以糖尿病患者食用时一定要慎重。

十三、金糕

金糕又名京糕、山楂糕，是老北京传统小吃，已有几百年的历史，据说"金糕"是皇家赐名。金糕味道酸甜、颜色亮丽，经常用于点心的点缀，也可做凉菜。金糕的用料为山楂，一般选用小金星、大金星、大红袍等山楂品种，果胶含量高，做出的金糕质量比较好，金糕所用山楂主要产于怀柔喇叭沟门、密云银冶岭等地。金糕烘干可制成金糕条，是北京著名的果脯，山楂也可以制作果丹皮，丰富山楂制品市场。

山楂果胶含量高，熬制金糕时可以不加任何添加剂，利用山楂自身的果胶定型。山楂营养丰富、消食化积、生津止渴，金糕可以降低人体的血压和血脂，有预防心脑血管疾病、软化血管等功效。对于食用金糕的人来说，糖尿病患者要慎食，因为金糕制作过程中会加糖，而且山楂自身糖含量也很高，能导致糖尿病患者升糖，所以糖尿病患者食用金糕时要注意摄入量。

十四、豆汁

豆汁是老北京独具特色的传统小吃，有文字记载的豆汁就有 300 多年的历史。早在辽宋时期就已经在北京盛行，而豆汁成为宫廷小吃，是在清朝乾隆年间。《燕都小食品杂咏》中记载："糟粕居然可做粥，老浆风味论稀稠。无分男女起来坐，适口酸盐各一瓯。""得味在酸碱之外，食者自知，可谓精妙绝伦。"喝豆汁一定要配切得极细的自制酱菜，再配上炸得焦黄酥透的焦圈，风味

独特。

好多老北京人特别喜欢喝豆汁。《厂甸竹枝词》曾曰："豆汁燕京素有名，临时设肆费经营。座中绿女红男满，一片喧哗笑语声。"表达了燕京男女老少对豆汁的喜爱。豆汁根据工艺不同可以分多种。第一种是清豆汁，清豆汁的工艺是直接清熬纯浆汁。熬出来的豆汁味道浓郁，有点酸味，稍微有点分层。第二种豆汁是稠豆汁，往里边勾兑淀粉，豆汁在熬制的过程中将绿豆淀粉调成稀糊状，慢慢地兑入锅中，随兑随搅，最后出来的豆汁就比较浓稠，叫稠豆汁。还有一种豆汁是豆汁粥，即在熬豆汁的过程中，往里面加少量泡好的米或剩的米饭，最后熬制出来就是豆汁粥。百姓比较喜欢喝的还是第一种清豆汁。

豆汁主要以绿豆为原料，将淀粉滤出来制作粉条等食品，剩余的残渣再进行发酵就会产生百姓特别喜欢喝的豆汁。豆汁可以养胃，也可以解毒和清火。豆汁含有蛋白质、绿豆多糖、植物甾醇、磷脂等物质，有益于降血脂，促进食欲。豆汁中的胰蛋白酶抑制剂，有益于保护肝脏和肾脏。豆汁中的香豆素、生物碱、植物甾醇和皂苷这些物质，可以提高人体的免疫力。豆汁中的苯丙氨酸氨解酶，对肿瘤有一定的抑制作用。绿豆富含矿物质和维生素，这些物质都可以使身体清热解暑。

十五、面茶

清朝乾隆年间的诗人杨米人写过北京小吃的《都门竹枝词》内有"才吃茶汤又面茶"的句子，可见面茶历史悠久。

面茶原料是糜子面（有的地方用小米面），辅以稀麻酱、焦麻仁和花椒盐。有一首诗里说："午梦初醒热面茶，干姜麻酱总须加。"诗里说的就是老北京的面茶，喝面茶的时候里面一定要加淋料——麻酱，面茶自身没有味道，全靠调料，再配上烧饼和焦圈。豆汁、炒肝和面茶这三种小吃吃法都很讲究，吃时不用筷子也不用勺子，用手把碗端起来，沿着碗边转边喝，转动的过程中应适时抖动，不使面茶"挂碗"。喝完了讲究碗光、嘴光、手光，既是讲究，又是乐趣。由此可见，非老北京人恐怕无此"吃"的艺术了，这也是老北京小吃比较有特色的一种吃法。

十六、糖葫芦

《故都食物百咏》中称："葫芦穿得蘸冰糖，果子新鲜滋味长。燕市有名传巧制，签筒摇动与飞扬。"说的是冰糖葫芦是北平名产，各样鲜果均可穿蘸，旱年抽签之赌，北平不甚流行，唯售冰糖葫芦者，大多带有签筒。每年九月底开始，就有小贩走街串巷，有挑担的，有扛稻草桩子的，上面插满冰糖葫芦。

糖葫芦所用的果子，可以多种多样，但同一品种也能做出多种花样来。糖葫芦的用料有的用红果，即山楂；有的用山药，还有的人用海棠，虽然用料不一样，但最后名字都叫糖葫芦。在旧时的北京，糖葫芦是冬春季节最受欢迎的食品，除小贩拎篮串街外，还有信远斋、九龙斋等名号。北京东安市场的信远斋糖葫芦非常知名，"豆沙冰糖葫芦"是信远斋的"明星"产品，梁实秋在《雅舍谈吃》里回忆，冰糖葫芦以信远斋所制最精，不用竹签，每一颗山里红或海棠果单个独立，果实硕大、干净，放在垫了油纸的纸盒中由客人带走。

山楂含有柠檬酸、山楂酸、VC、三萜烯酸、黄酮类化合物等物质，对抑制肿瘤、降低血压、帮助消化等方面有一定的作用。

山楂虽有这么多功效，也要注意山楂的饮食禁忌：第一，山楂吃多了不利于牙齿防护；第二，对于肠胃功能比较弱的人群来说，要谨慎食用山楂，不要加重肠胃的负担；第三，孕妇一定要谨慎食用山楂，因为山楂有滑胎的可能，所以孕妇不要吃山楂及其制品。

第三节　烙烤类小吃

烙烤类小吃主要有蛤蟆吐蜜、肉末烧饼、糖火烧以及核桃酥等。

一、蛤蟆吐蜜

"蛤蟆吐蜜"名字很形象，其实就是烧饼里面的馅露出来了，所以蛤蟆吐

蜜还有一个名字叫"豆馅烧饼"。它是北京小吃里非常常见的一个品种，因为它以豆沙为馅，在烤制的过程中，烧饼边上是自然开口的，所以豆沙就露出来了，挂在烧饼的边上，特别形象，人们就给这个小吃起了一个形象的名字——蛤蟆吐蜜。

二、肉末烧饼

肉末烧饼的主要用料是面粉、肉末馅。在北京，仿膳饭庄的肉末烧饼特别有名。据传，肉末烧饼又叫圆梦烧饼，有一天，慈禧早上起来用早膳，她想起头一天晚上做了一个梦，梦到吃了一个馅饼里面夹着肉馅的点心，一看就特别好吃，结果第二天早上的早膳里就有这么一款肉末烧饼，她当时特别高兴，这是圆了头一天晚上的梦，所以慈禧又叫它圆梦烧饼。

三、一品烧饼

一品烧饼是没有馅的，是直接用面粉做成的烧饼，表面撒有芝麻。牛街聚宝源的一品烧饼非常有名。一品烧饼名字的来源，据说当年乾隆去蓟州，即现在河北的蓟州店，当时随行的还有和珅。和珅和当地的官员说一定要给皇帝做特别好吃的东西，当地就做了这个烧饼给皇帝，皇帝一吃特别好吃，酥脆还香，大拇指一挑：够一品。所以后来就叫这个烧饼为一品烧饼。和珅后来发迹以后，他也觉着蓟州店是他的福地，所以就在当地开了一个做一品烧饼的铺子。在北京，他也开了相应的一些铺子，后来他失势以后，嘉庆皇帝把其他的东西都取消了，但是这个一品烧饼还是留着。由此可见，一品烧饼的味道还是深得皇帝喜爱的。

四、褡裢火烧

褡裢火烧是老北京的传统名点，距今有 140 多年的历史。相传，褡裢火烧由顺义人氏姚春宣夫妻在 1876 年创制。制作时，面片上铺肉馅，两面折上，另两面不封口，放入平锅中油煎至金黄色后，起锅上桌，趁热食用。其色泽金黄，焦香四溢，鲜美可口。因其长条形，又是对折，酷似古代人用来装东西的褡裢，故名褡裢火烧。其口味类似锅贴，但形状不同。褡裢火烧表皮焦香、肉馅鲜嫩、略有水头、口感嫩滑、不干不柴，食用褡裢火烧时，再配上一碗酸辣汤，余味无穷。

"门框胡同瑞宾楼，褡裢火烧是珍馐。外焦里嫩色味美，京都风味誉九州。"这是一位家住郊区的老翁得知瑞宾楼恢复这一北京名小吃供应后，特让儿孙陪同专程到店品尝时欣然提笔写下的诗句。由此可见，老北京人对北京传统饮食的喜爱和留恋之情。

五、糖火烧

糖火烧是烙烤类小吃里非常重要的一种小吃，也是老北京人最喜爱的早点之一，距今有 300 多年的历史。通州大顺斋的糖火烧非常著名。糖火烧的口感香甜味厚、绵软不黏，适合老年人食用，但需要提醒的是，糖尿病患者一定注意糖火烧的食用量，避免出现血糖波动。

六、门钉肉饼

门钉肉饼是北京的传统小吃，属于清真小吃。相传起源于清朝，慈禧用膳时，吃到一个牛肉馅的饼，饼皮酥脆，馅心多汁，备受慈禧喜爱，她问这个饼叫什么名字？御厨心想这只是一个肉饼而已，哪有什么名字，可是又不敢不回答太后问话，他想起这个肉饼特别像皇宫大门上的门钉，于是回答"门钉肉饼"。后来门钉肉饼流传到民间，百姓也特别喜欢吃，从此门钉肉饼就在北京流行起来。

门钉肉饼的外形很像以前宫门或达官贵族家大门上的门钉。门钉肉饼有两种写法，一种就是用钉子的"钉"，还有一种是用甲乙丙丁的"丁"，无论是哪个钉都指的是北京的一种传统小吃，并且后来也有传说，这个门钉肉饼有吉祥的含义，所以一直沿用至今。

门钉肉饼跟家常馅饼或生煎有点相似，圆圆的饼，两面煎得焦黄，比普通馅饼更厚一些，一个门钉肉饼相当于两个馅饼的厚度。刚出锅的门钉肉饼泛着一股清香，一定要趁热吃，凉了的肉饼里的牛油会凝固，影响口感。吃的时候，不要贸然一口咬下去，因为肉饼里的汁水丰富，堪比灌汤包，以免汁水"呲"得到处都是。吃门钉肉饼的时候，先用筷子将肉饼侧面捅一个小洞，也

可以用手将侧面轻轻掰开一个缝隙，放出肉饼里的热气，这样就不用担心咬开肉饼的时候，汁水溅出来了。

七、核桃酥

核桃酥的原名叫核桃糕。核桃酥在中国的北方和南方都有生产，一般在北方以北京为主，南方江西、广东、云南、中国台湾等地的核桃酥也是很有名的，由于核桃酥用的是核桃，有时候还会用大枣，原料的营养价值非常高，并且做成的核桃酥，质地比较细腻、柔软，也非常滋糯，是纯甜味儿的，有桃仁的清香。核桃酥，一种是有点像桃酥的形状，扁平的；另一种就是象形，有点像核桃，实际里边是有馅的，如枣泥馅、红豆沙馅，所以现在市面上卖的核桃酥，主要是这两种外在形式。

第四节　煎炸类小吃

煎炸类小吃，顾名思义，就是通过煎制或炸制制成的小吃。常见的品种有焦圈、馓子麻花、奶油炸糕、开口笑、姜汁排叉、煎灌肠、蜜麻花等。

一、焦圈

明代李时珍的《本草纲目·谷部》里记载："入少盐，牵索扭捻成环钏之形，油煎食之。"焦圈可储存长达十几天，质不变，脆如初，酥脆不皮，是几百年来人们喜爱的食品。

焦圈的主要用料是淀粉、盐、碱面、明矾。品质高的焦圈玲珑剔透、颜色深黄、火色均匀，圈内圈外颜色一致，外形比较规整，圆度比较精确。焦圈的外层要有一层气孔，这种焦圈薄皮酥脆，一摔能摔成八瓣，这就是品质比较好的焦圈。

焦圈很少单独食用，不仅因为容易破碎，还因为焦圈比较轻，吃到嘴里没有感觉，一般会搭配别的食品一起食用，最能体现北京特色搭配的就是豆汁，一口豆汁、一口焦圈、一口咸菜，酸香配咸脆，绝对是难得的美味。另外，烧饼夹焦圈也是北京人的传统吃法，这种吃法将烧饼外皮的松脆、内瓤的绵软与焦圈的焦酥合为一体，配上豆浆，一顿纯正的京味早点就有了。

二、馓子麻花

宋代苏东坡曾写过一首诗，相传这是中国第一首产品广告诗："纤手搓成玉数寻，碧油煎出嫩黄深。夜来春睡无轻重，压褊佳人缠臂金。"诗里说的"缠臂金"就是馓子麻花。馓子麻花是北京清真小吃里的精品，很受百姓的欢迎，北京人俗称其"馓子"。馓子麻花历史悠久，据传可追溯到 2000 多年前的屈原时代，之后经过流传，形状和名称都发生了不少变化，但是"油炸类条状面食"这一特征没有变化。馓子麻花是棕黄色，质地酥脆，香甜可口，外形完整，枝条均匀。馓子麻花的用料主要是面粉、红糖，还有糖桂花，所以糖尿病患者要少吃。

馓子麻花是回民节日食品，以前在"寒食节"三日不动火，只能吃一些预先做好的食物，馓子麻花是油炸食品，保质期长，既方便又好吃，因此有人称其为"寒具"。《本草纲目》记载："寒具即食馓也。"

三、奶油炸糕

奶油炸糕占据了北京各大小吃店，如护国寺小吃店、牛街清真超市美食城、南来顺饭庄、锦芳回民饮食店、奶酪魏、隆福寺小吃等，可见奶油炸糕在北京传统小吃中的地位。

奶油炸糕是典型的蒙古族小吃。它的用料主要是面粉、鸡蛋、奶油和白糖。用开水将面粉烫熟，然后加入鸡蛋、奶油和糖水，在温油中炸熟。奶油炸糕一般炸出来的形状是圆形，色泽金黄光亮，外焦里嫩，香味特别浓郁，再撒上一层白糖，奶油炸糕在白糖的映衬下更能引起食客的食欲。奶油炸糕要趁热吃，外皮焦脆，在口腔里咀嚼的时候有"咯嘣咯嘣"的声音，白糖也在口腔中溶化，甜甜的，更是丰富了口感的层次。

除了奶油炸糕以外，又衍生了一些炸糕，如黄米面炸糕、江米面炸糕、烫面炸糕等，但比较经典的还是奶油炸糕。炸糕一般作为一款甜点，可以单独食用，当然也可以与其他的甜食或热牛奶一起搭配着食用。

四、姜汁排叉

南来顺的姜汁排叉比较经典，在 1997 年被评为北京名小吃。同年，又被评为中华名小吃。《天桥小吃》作者张次溪先生曾经说过，旧天桥有专门卖小炸食的店家，如果面炸不盈寸的这个麻花排叉，用草纸包装再加上一个红商标，这就是过年送礼的一种礼物。同时，又是小孩的玩物，对这种小炸食还有诗称赞："全凭手艺制将来，具体面微哄小孩。锦匣蒲包装饰好，玲珑巧小见奇才。"老百姓非常有才，过去天桥卖这类小吃还要吆喝："买一包饶一包，江西腊来辣秦椒，大爷吃了会摔跤，摔私跤，摔官跤，跛子、跛脚大箍腰，大麻花，碎排叉，十样锦的花儿，一大一包的炸排叉。"可以看出，排叉在老百姓的生活中占有很高的地位。

图 2-4 和图 2-5 是 2019 年旅游学院餐饮管理系同学去华盛顿参加"北京—华盛顿友好城市缔结 35 周年"系列活动北京日活动上，餐饮管理系学生参与制作酥排叉团队合影和团队制作的酥排叉，当天引起了很大的反响，大家都觉得非常好吃，特别酥脆，特别香。

图 2-4　参加"北京日"活动师生合影　　　　图 2-5　酥排叉

姜汁排叉的用料主要是鲜姜和面粉，在酥排叉的基础上，最后要过蜜。过蜜就是把炸出来的排叉放到蜜汁里浸泡。蜜汁一般是用姜丝熬制出来的姜水，然后往里面加麦芽糖、白糖、糖桂花，然后熬开，把沫子撇掉，继续加热，这样就变成了蜜汁。姜汁排叉晶莹玲珑、外形完整、规格统一，做排叉时，排叉的长和宽都是一样的，颜色鲜亮，口感酥脆，甜而不腻。酥排叉跟姜汁排叉的区别是酥排叉不过蜜，所以酥排叉可以做成带咸味的排叉，用的原料是面粉、苏打和盐，最后用油炸，做法跟姜汁排叉一样，就是最后不过蜜。酥排叉口感酥脆、味道微咸，喝酒的人常常以酥排叉做下酒菜。

五、煎灌肠

灌肠是老北京汉民小吃，经常见于庙会，只解馋不解饿，吃完灌肠接着逛，看到别的小吃继续吃，所以吃灌肠也不必坐下来细细品味，大多是站着吃。灌肠主要分两种，一种是大灌肠，用猪肥肠，灌上用红曲水染色的淀粉（有时也加一些碎肉），再加丁香、大料等调味料，煮熟定型。另一种是小灌肠，就是通常所说的粉肠，用淀粉、红曲水染色的淀粉，少量的豆腐渣制成糊，揉捏变成 4 厘米左右粗的棒槌形，不用肠衣灌制，直接上锅蒸熟，蒸熟煎制时，要用饼铛，饼铛一面低一面高，在低的一面放上汤油煎一下，再在中高处烙一下，这就是煎灌肠。但有时为了方便，简化工艺，会直接在油锅里炸，所以也叫炸灌肠，但无论是煎灌肠还是炸灌肠，最关键的是吃法讲究。老北京的煎灌肠要配上加盐的蒜汁，食用时，不用筷子，直接用牙签扎着吃，别有一番风味。灌肠颜色焦黄，入口酥脆中带着绵软，细闻香味，蒜香焦香扑鼻，价格不高，却是一种享受。

六、甜卷果

甜卷果又名"糖卷果"，是北京回民小吃的著名品种，属于甜食。糖卷果外形漂亮，颜色金黄、光泽明亮，味道香甜，口感细腻，深受老人和儿童的喜欢。

甜卷果的主要用料是面粉、白糖、山药，有时会加大枣或小枣，食用时一般跟豆浆、杏仁茶、粳米粥搭配。除了糖卷果之外，还有一种是咸卷果，即卷果里加咸味的馅，一般用羊肉馅，炸好了以后要趁热吃，蘸椒盐，市面上见得比较多的是甜卷果。

甜卷果与姜丝排叉一样，属于比较高档的甜食，单独食用略甜，最好跟别

的食物一起食用，如豆浆、杏仁茶、粳米粥等，这样口感比较丰富。甜卷果凉吃、热吃都可以，凉吃香甜，热吃软糯，甜卷果中的山药和大枣都是药、食两用的食物，山药补脾健胃、补肾益精，大枣护肝和胃、益气生津。

七、蜜麻花

蜜麻花是北京小吃里常见的名品，又名糖耳朵。因其形状像人的耳朵，故又名糖耳朵，是老北京小吃十三绝之一。前人有诗曰："耳朵竟堪作食耶？常偕伴侣蜜麻花。劳声借问谁家好？遥指前边某二巴。"由此可见，蜜麻花是清真食品，原料一般用砂糖和面粉。

北京南来顺饭庄的蜜麻花最为著名。1997年，蜜麻花被评为北京名小吃和中华名小吃，由此可看出来，蜜麻花在北京小吃里占据很重要的地位。蜜麻花的用料一般用面粉和糖，有时是发面，有时也会用糖面，糖面就是在面里掺入红糖，跟姜汁排叉一样，有一个"过蜜"的过程，即蜜麻花炸制以后，金黄色的麻花要放到蜜锅里过蜜浸泡一分钟左右，这样让蜜充分浸入到麻花里，这样的麻花非常香甜。品质好的蜜麻花，外形一定要完整自然、颜色金黄，经过过蜜，所以比较光润，口感绵糯松软，味道甜蜜香腻。蜜麻花一般也不单独食用，口味偏甜，可以搭配粳米粥或杏仁茶之类小吃，一般在春、秋、冬季节食用。

八、开口笑

开口笑，一个糯米团子张开嘴巴在笑，这也是根据开口笑的外形给它起的名字。开口笑的用料主要是面粉和白芝麻，在炸制开口笑时需要严格控制油温，要不开口笑"笑"不起来。

第五节　烩汆炒类小吃

烩汆炒类小吃主要品种有炒肝、炒疙瘩、卤煮、白水羊头、爆肚等。

一、炒肝

炒肝的历史要追溯到清朝同治年间，当时位于前门鲜鱼胡同的会仙居刘氏兄弟以售卖白水杂碎为生，经过多年的发展以及结合消费者的意见，刘氏兄弟就在原来白汤杂碎的基础上，把心和肺去掉了，又勾了芡，从而就形成了现在名气大噪的炒肝。1930 年，在会仙居的对面，又起了一间铺子，这间铺子认真研究了会仙居的炒肝，他们的选料特别精细，并且采用了味精、酱油这些新式的调料，代替了原来的口蘑汤。因为老板、伙计都特别用心，生意慢慢地就盖过了会仙居。1956 年，会仙居并入了天兴居招牌下。

炒肝吃法讲究，正宗的吃炒肝方法，不用勺子也不用筷子，一手托着碗底转着圈喝。炒肝颜色一般是酱红色，肝香肠肥，蒜香扑鼻，芡汁清亮，稀稠得当，不坨不澥。正宗的炒肝，猪肝和猪肠的比例是 1:3，食用时，搭配上提褶包子或烧饼，更是满嘴的留香。

从炒肝诞生到现在已经有 200 多年的历史了，200 年间，炒肝一直在京城饮食中占有一席之地，很多早餐铺都有炒肝，在北京的大街小巷，都能看到售卖炒肝的店铺。各家的炒肝都有自己的风味、自己的特色，想要品尝老字号的炒肝，鲜鱼口胡同的姚记炒肝绝对让人流连忘返。姚记炒肝位于东城区鼓楼旁，有"要想吃炒肝，鼓楼一转弯"的美誉。酱色的汤里，有切成段的肥肠和切成柳叶状的猪肝，还有葱花和蒜末，有一股浓浓的蒜香。舀一勺放嘴里，细细咀嚼，大肠的肥滑脆弹、醇香味美，猪肝的松软鲜香，弥漫在口中，令人唇齿留香。

二、炒疙瘩

炒疙瘩是正宗的北京传统美食，距今已经有上百年的历史。"民国"初年，在北京宣武区臧家桥，有一对穆姓母女开了一家面食店，主要经营切面，但店里食客不多，生意惨淡。有一日，母女俩和了 10 斤面，结果到晚上连一半都没有卖出去，无奈之下，她们只能把面揪成疙瘩，放进开水锅里煮熟后捞出，配以佐料食用。母女俩意外发现口感很不错，于是第二天就在店里售卖给顾客吃。炒疙瘩的绵软筋道一下子就征服了食客的味蕾，纷纷赞美其美味，然后奔

走相告，不久后炒疙瘩就变成了北京的名小吃。

炒疙瘩的用料主要是面粉，还有牛羊肉丝、蒜苗、黄瓜丁、青豆等，它的外形玲珑可爱，颜色比较鲜亮，鲜香口味，口感清爽，并且面筋道柔韧，配菜脆嫩，荤素得宜。在食用炒疙瘩时，一般搭配酸辣汤。

三、炒麻豆腐

据说麻豆腐起源于明朝，那时是平民美食，一般的达官贵人是不吃的，因为制作麻豆腐的原料是用绿豆淀粉和粉丝的下脚料，在富人眼里，吃这类东西会降低他们的身份，但到了近代，富人不再因为食物的原材料而放弃一种美食，炒麻豆腐就是这类不舍被放弃的美食。

炒麻豆腐一般用羊尾油或植物油来炒制，先大火，再小火慢咕嘟，直到大部分的水分被炒出来，麻豆腐显得比较干松、黏糯。出锅以后，可以往里面加红辣椒、葱丝，在中间挖一个小窝，把炸出来的香辣油浇到麻豆腐的小窝内，麻豆腐的清香混合着香辣油的香气，令人欲罢不能。此时的麻豆腐外表光亮油润，香味醇和，颜色鲜亮。

四、卤煮火烧

卤煮火烧最早起源于苏造肉。当年乾隆下江南时，下榻在扬州安澜园陈元龙家，陈家的家厨张东官烹制的菜肴乾隆都非常喜欢。后来乾隆回北京以后，把这个厨师也带回了北京。到了宫里，张东官使用多种中药和香料，文火煨炖猪肉，做出来的猪肉酥烂绵软，因此名为酥造肉。又因为他是江苏苏州人，所以酥造肉又名苏造肉。

苏造肉后来流传到民间，百姓在吃的时候，精五花还是有点贵，大家就用一些猪内脏来煮，达到大家对口味的要求。现在人们吃的卤煮火烧用料，一般是猪小肠、心、肝、肺、肚这些下水，有时往里加点五花肉、油炸豆腐，再加火烧，就形成了现在的卤煮火烧。它的外形特别丰满，块形整齐，刀口规矩，味道纯正，火候适宜。

北京最早的卤煮店起源于南横街，如今在北京的大街小巷都能见到卤煮火烧的身影，其中比较有名气的老字号有两家：北新桥卤煮老店和小肠陈。

五、白水羊头

白水羊头是非常知名的一种小吃，北京比较有名的名号是羊头马，第六代传人是马玉昆，第七代传人是他的儿子马国义，因为他们卖的白水羊头特别有名，所以就叫羊头马。白水羊头的用料主要是羊头，一般会用"二四口"或"四六口"羊头，"二四口"指的是长有两对到四对牙齿的山羊头。"四六口"羊头指的是长四对到六对牙齿，并且都是阉割过的白毛公山羊，由此可见白水羊头对原料要求非常高。羊头肉主要有羊脸子、羊舌、羊脑、羊眼睛、羊耳还有上膛软骨等。白水羊头所用的细盐一般指的是用大盐（海盐粒）跟花椒一起焙干，磨成细粉，再跟砂仁粉、丁香粉混合。白水羊头煮出来后，佐以细盐更加美味。

白水羊头是北京百姓的喜爱之物，主要适合冬季食用。体弱尤其是老年人，还有体虚的男人和产后的妇女食用效果更加。羊头含有丰富的蛋白质，维生素 B_1、维生素 B_2、维生素 B_6，还有锌、铁、硒等矿物质。

六、爆肚

爆肚是北京特有的一种小吃，从清朝开始流行起来，时至今日，北京城经营爆肚的老字号很多，其中最著名的是爆肚王和爆肚冯两家。《燕都小食品杂咏》一书中关于爆肚这样说："入汤顷刻便微温，作料齐全酒一樽。齿钝未能都嚼烂，囫囵下咽果生吞。""以小块生羊肚入汤锅中，顷刻取出，谓之汤爆肚，以酱油、葱、醋、麻酱等蘸而食之，肚未完全煮熟，呈极脆之品，食用时，无法嚼烂，囫囵吞下。"这些描述充分阐述了爆肚的关键是火候，火候太过则嚼不烂。

牛百叶、牛肚仁、牛肚领、羊散丹、羊蘑菇头、羊葫芦等都是爆肚常用的原料。羊散丹和牛百叶是爆肚里面最嫩的部分，爆肚用料基本是这两部分。胃的偏下部分俗称肚蘑菇，在爆肚里最贵的原料是肚仁，其次是百叶、散丹和肚蘑菇。

爆肚的蘸料主要是芝麻酱、酱油，还有米醋、香油、腐乳、虾油、辣椒油、香菜、蒜汁等调味料，口味一般以清淡为主，以鲜香为辅，味道一定不要

过重。

参考文献：

［1］梦芝.寻味北京［M］.北京：北京出版集团公司北京出版社，2016.

［2］杨良志.寻味老北京［M］.北京：北京出版集团公司北京出版社，2017.

［3］崔岱远.京味儿食足［M］.北京：生活·读书·新知三联书店，2012.

［4］崔岱远.京味儿食足（增订本）［M］.北京：生活·读书·新知三联书店，2019.

［5］唐夏.北京饮食文化［M］.北京：中国人民大学出版社，2017.

［6］冯怀申.小吃大艺［M］.北京：中国纺织出版社，2018.

［7］陈连生，肖正刚.北京小吃——京汁京味说讲究［M］.北京：中国轻工业出版社，2009.

［8］https：//zhlzh.mofcom.gov.cn 中国人民共和国商务部.中华老字号.

单元测试

一、单选题

1.下列小吃既属于宫廷小吃又属于蒸煮类小吃的是（　　　）。

A.卤煮火烧　　　B.馓子麻花　　　C.豌豆黄　　　D.糖葫芦

2.下列小吃属于清真小吃的是（　　　）。

A.芸豆卷　　　B.白水羊头　　　C.卤煮火烧　　　D.灌肠

二、判断题

1.核桃酥里不一定有核桃。（　　　）

2.传统馓子麻花制作时用的是白砂糖。（　　　）

3.小吃的制作工艺也会随着社会的发展发生变化。（　　　）

三、多选题

下列属于蒸煮类小吃的是（　　　）。

A.豌豆黄　　　B.豆汁儿　　　C.包子　　　D.糖葫芦

作业

实地调研品鉴一种北京小吃，撰写 200~300 字的感受。

课堂讨论

什么是小吃?

第二单元　单元测试答案

一、单选题

1. C　　2. B

二、判断题

1. √　　2. ×　　3. √

三、多选题

ABCD

第三单元

弥久不散的乡土味道

第一节 延庆区的特色原材料和食品

延庆区，古称夏阳川，亦谓之妫川，延庆区地处北京市西北部，为北京市郊区之一。东邻北京怀柔区，南接北京昌平区，西与河北省怀来县接壤，北与河北省赤城县相邻。其历史悠久、民风淳补、名山胜水、钟灵毓秀。境内有巍峨壮观的八达岭长城、风光旖旎的龙庆峡、沁心宜人的康西大草原，既有离现代都市最近的松山原始森林自然保护区，又有 1.4 亿年的硅化木国家地质公园，风景众多，美不胜收。延庆区也是多民族聚居融合之处，炎黄阪泉之战纪念地、千古之谜古崖居、山戎族文物陈列馆，足以印证延庆区的文化底蕴之丰富。延庆地处京都西北，"南扼居庸列翠，北拒龙门天险"，向来是军事要冲，无数英雄儿女曾在这里浴血奋战。进入社会主义建设阶段，延庆区人民兴修水利，治理山川，励精图治，不断更新理念，调整产业结构，步入健康发展轨道，实现富民兴邦。

延庆区立足首都生态涵养区功能定位，大力发展绿色经济。以文旅产业为龙头，以现代园艺、冰雪体育、新能源和能源互联网、无人机四个产业为培育和扶持重点，以都市型现代农业为基础，围绕"冬奥、世园、长城"三张金名片，着力构建具有延庆特色的绿色高精尖产业体系。民宿产业向品牌集群化发展，打造"世园人家""冬奥人家""长城人家""山水人家"四大民宿品牌，已建成 376 个民宿小院，获评首批全国民宿产业发展示范区。北京市首个农产品区域公用品牌"妫水农耕"发布，打造有机杂粮、精品蔬菜、花卉园艺、优质果品和精品畜牧五个特色产品体系。

2019 年 3 月 22 日，中国北京世界园艺博览会成功举办，接待 230 多个国家地区、国际组织、非官方参展者，吸引近千万中外游客，为世界奉献了一场"精彩绝伦"的世园盛会。积极推动会后利用，2020 年北京世园公园再开园，被评为国家 4A 级旅游景区。

作为北京 2022 年冬奥会和冬残奥会（以下简称冬奥会）部分比赛项目的

承办地，延庆举全区之力服务保障冬奥会筹办、举办。冬奥延庆赛区生态修复完成 94%，圆满承办了"十四冬"高山滑雪赛事，顺利通过了国家雪车雪橇中心场地预认证和国际冬季单项体育联合会场地考察。作为 2022 年北京冬奥会和冬残奥会的延庆赛区，充分利用当地自然环境和人文环境的优势成功完成了雪车、钢架雪车、雪橇和高山滑雪 4 个项目的比赛。延庆赛区位于小海陀山区域，海拔最高点 2198 米，是北京冬奥会建设难度最大的赛区。这里拥有国内第一条符合奥运标准的高山滑雪赛道，也是目前世界上难度最大的比赛场地之一。延庆人民为北京 2022 年冬奥会和冬残奥会的简约、安全、精彩贡献了聪明才智，为家乡建设尽情挥洒汗水。

一、国光苹果

收获时间比较晚的苹果叫晚秋苹果，国光苹果属晚秋苹果。2009 年，延庆的国光苹果被中国果品流通协会授予"中华名果"的称号。其他地区的国光苹果基本是绿色，而延庆的国光苹果的着色率能达到 75%，这个与延庆的纬度有关。

苹果富含苹果多酚，这种物质具有抗氧化、抗衰老、抗肿瘤的作用。人们吃苹果时，感觉有点酸，因为苹果含有苹果酸、枸橼酸等有机酸，可以增进食欲。苹果中还富含膳食纤维，可以缓解便秘，有利于排出体内垃圾。苹果中丰富的钾元素可以辅助降低人体的血压。苹果中的磷和铁等矿物质可以补脑养血，有助于睡眠。

二、延怀河谷葡萄

延怀河谷葡萄是延庆的特产，是农产品地理标志产品。延怀河谷产区主要位于首都的西北门户延庆区，是世界上唯一一个位于国家首都的葡萄以及葡萄酒产区，拥有 700 多年的葡萄栽培史，2014 年在延庆建立了世界葡萄博览园。

葡萄含有葡萄多酚和白藜芦醇，这两种物质具有抗氧化、抗衰老、抗肿瘤的作用，与苹果有一样的功效。葡萄含有果酸，可以促进消化。葡萄多酚和白藜芦醇可以降低体内的胆固醇含量，对于降低血脂有一定的功效。葡萄的功效很强，但不是每个人都可以不限量食用，要根据自身情况适量摄入，如糖尿病患者不能多吃葡萄，腹泻的人也要少吃葡萄。另外，中医认为，脾胃虚寒的人要少吃葡萄。

三、燕山板栗

燕山板栗产于华北平原北部，主要是在燕山山脉，是国家地理标志保护产品。2007 年，北京市密云区、昌平区、平谷区和延庆区四区板栗种植面积达 2.627 万公顷，年产量超过 1450 万千克，产值 1.234 亿元，涉及 5.77 万农户。2016 年，燕山板栗主产区北京市密云区种植面积已达 30 万亩。详见密云区特色原材料和食品。

四、永宁豆腐

延庆永宁的豆腐宴家喻户晓。永宁豆腐从汉朝就有记载，清朝时，永宁豆腐成为宫廷的贡品，永宁地区基本家家户户都有做豆腐的历史。

吃豆腐对身体有益，主要因为豆腐的原料——大豆富含不饱和脂肪酸，可以降低人体的胆固醇，从而可以预防心脑血管疾病。豆腐富含钙，可以有效补钙。痛风病患者要慎重食用豆腐，因为豆腐富含嘌呤，这种物质能引起痛风病患者疼痛的症状。

五、里炮村苹果

延庆里炮村的苹果跟国光苹果不一样。延庆区的里炮村位于八达岭长城脚下，日光照射充足，昼夜温差大，特别有利于果树的栽培，这个区域也被游人称为红苹果旅游度假村。全村的果园面积达到了 1000 多亩，有果树 5 万多株，除了苹果之外，还有葡萄、李子、梨等 20 多种水果，里炮牌富士苹果获得了国家绿色食品的认证。

六、冰糖李子

延庆的冰糖李子主要产于四海镇的永安堡村，冰糖李子的生产有 100 多年的历史，最早属于野生品种。

冰糖李子功效颇多。首先，李子中丰富的有机酸可以促消化。其次，李子

中的丝氨酸、甘氨酸、脯氨酸等，有利尿消肿的作用。同时，李子也含有多酚类物质，具有抗氧化、抗衰老、抗肿瘤等功效。

七、延庆火勺

火勺，是延庆的特色小吃。据说，从秦始皇修建长城起就有火勺，火勺的历史已有 2000 多年。当时，永宁北部的边城位于崇山峻岭之上，修造长城的民夫为了带干粮充饥，就发明了火勺。永宁的火勺瓤嫩皮脆，好吃，便宜。和很多地方都有的烧饼、驴肉火烧不同，延庆的火勺是用天然的火炉烘烤而成，里面有瓤，有一股椒盐的香味儿。过去，有钱人在火勺中间夹肉吃，延庆人则发明了在火勺中间夹油饼的吃法。2011 年，火勺入选延庆区"十大特色文化遗产"，是唯一一个可以吃的遗产。2021 年，延庆火勺制作工艺入选第五批北京市非物质文化遗产。

延庆人管火勺的制作过程叫"打"，火勺棰长一尺左右，硬木制作，不断地用火勺棰敲击面案发出有节奏的声音招揽顾客。"打"好的火勺外焦里嫩，表面有些微微焦煳，往嘴里一放，满口喷香酥脆，焦渣儿顺着指缝往下掉，是一种独特的美食体验。

八、妫川白酒

延庆拥有千年酿酒历史，酒坊林立。元代真人尹志平盛赞："金波玉液，除却妫川无处觅。"延庆区级非物质文化遗产"妫川白酒酿制技艺"传承百年之久，该项非遗技艺的保护单位北京八达岭酒业，位于永宁古城东南侧，拥有 500 多口酿酒地缸及窖池群。

好土出好粮，好水酿好酒。日照、温度等优良的气候条件，孕育了妫川质优物美的高粱品种；富锶低钠的妫河源头矿泉水，成为酿制"玉液"的灵魂所在。明清时期的高粱酒成为延庆地方的四大物产之一，为上交京师的应征贡品，"每岁陆运销京北一带，约十五万斤"。清末至民国年间"烧刀子"成为北路烧酒的代表，广受百姓喜爱。

"曲为酒之骨，粮为酒之肉，水为酒之血，艺为酒之魂。"妫川白酒酿制技艺主要为清蒸清烧，使用传统地缸固态发酵，是北方清香型白酒酿造技艺的典型代表。色泽透明清亮，气味清香纯正，口味醇甜干爽、香气持久，具有清、爽、醇、甜、净的典型特征。

第二节　怀柔区的特色原材料和食品

怀柔区位于北京城区东北部，东靠密云，南连顺义，西和昌平、延庆为邻，北与河北省丰宁、滦平、赤城三县接壤。全区总面积 2122.8 平方公里，其中山区面积占 89%，是全市面积第二大区。怀柔历史悠久。"怀柔"一词，最早见于《诗经·周颂·时迈》中的"怀柔百神"，意为招来安抚。《礼记·中庸》有"柔远人则四方归之，怀诸侯则天下畏之"的诗句。春秋战国时期，怀柔是燕国战略要地，属渔阳郡，其首府位于现在怀柔区北房镇梨园庄村。早在1300 多年前的唐朝就已经有了"怀柔"这个名称。1368 年，明朝设置怀柔县，与今天的怀柔区管辖范围基本相同。2001 年 12 月 30 日，国务院正式批准怀柔撤县设区。近年来，怀柔先后获得全国绿化模范城市、国家级生态示范区、国家级卫生区、国家级可持续发展综合实验区等荣誉称号 30 多个。

怀柔山多、林木多，"峰峦隐见云初合，草木葱茏雨乍晴"是怀柔的真实写照。白云缭绕的秀丽峰峦，葱茏翁郁的林木，构成首都北京的天然屏障。怀柔区地属暖温带型半湿润气候，四季分明，雨热同期，夏季湿润，冬季寒冷少雪。日夜奔流不息的和泉，是首都北京的重要水资源基地，怀柔的山山水水，是北京旅游观光的重要自然资源。怀柔自然资源丰富，是北京郊区重要果产区之一，主要有板栗、核桃、大杏仁、苹果、梨等。

一、怀柔板栗

在北京，说到板栗，人们第一个想到的就是怀柔板栗。怀柔地处山区，板栗种植历史可追溯到汉代，距今已有 2000 多年的历史。曾经有这样一首诗："堆盘栗子炒深黄，客到长谈索酒尝，寒火三更灯半地，门前高喊灌香糖。"西汉司马迁在《史记》"货殖列传"中有"安邑千树枣，燕秦千树栗，此其人皆

与千户侯等"的记载，可见当时燕国拥有千株栗树的人，其富可抵千户侯，也由此说明地处燕国的北京自古以来就是栗子的重要产地之一。

中国栗不仅历史悠久，其品质和抗病能力也享誉世界，从19世纪开始就被欧美及日本等国广泛引种。中国栗中，北京板栗所属的群体又是佼佼者。在国内外市场上一直赫赫有名的"燕山栗""京东板栗""天津甘栗""良乡栗子"等，指的是北京和河北上述地区出产的板栗，只是由于这些板栗多经良乡集散，或经天津出口，久而久之，产地的概念反倒模糊了。

板栗有很高的药用价值，《本草纲目》记载"栗，厚肠胃，补肾气，令人耐饥"，说明板栗对腰脚软弱、胃气不足、肠鸣泄泻等有疗效。苏东坡的弟弟苏子由（苏辙）曾有诗颂道："老去自添腰脚病，山翁服栗旧传方。客来为说晨兴晚，三咽徐收白玉浆。"这里讲的是吃阴干的生栗子，疗效最高。板栗富含不饱和脂肪酸、维生素和矿物质，可以降低人体血压，预防心脑血管疾病，板栗中的核黄素可以预防口腔溃疡。板栗的碳水化合物，可以为人体提供能量。板栗富含维生素 C，可以延缓人体的衰老。

二、龙山矿泉水

龙山矿泉水，主产区在怀柔区的桥梓镇北宅村，是国家地理标志保护产品。北京大唐庄园饮品有限公司生产的庄园雪牌龙山高锶矿泉水获得中国绿色食品发展中心的绿色食品认证，成为饮用水中罕见的绿色食品标志。

龙山矿泉水的水源地位于北京怀柔水库上游，三面环山，一面临水，和法国阿尔卑斯山（依云矿泉水水源地）纬度相同，这个纬度属地球优质水线，所以龙山矿泉水又被称为"中国依云"。龙山矿泉水主要含有适量的锶、钙、镁、磷、铁等多种对人体有益的矿物质元素。微量元素锶和偏硅酸含量高，其中锶含量高于国标15倍，被专家称为"不可多得"。锶是罕见的微量元素，很难从日常食物中获得。适当补充锶，对人体骨骼和牙齿以及心脑血管有很好的保健作用。偏硅酸是人体皮肤、关节软骨中结缔组织的必要元素，长期饮用具有增加皮肤弹性，保持光泽、白皙、细嫩等作用。

三、枣枣枣

枣枣枣，又名嘎嘎枣。《顺天府志》记载："小儿以木二寸，制如枣核，置地棒之。一击令起，随一击令远，以近为负，曰打板。板，古称所称击壤者也。"原来"打嘎"是从帝尧时代流传下来的游戏！很多人小时候玩过枣枣，嘎嘎枣的形状类似于玩具枣枣，所以称之为枣枣枣。曾有诗曰："都门最苦蕴隆隆，日盼找来爽气同。听到街头枣枣枣，一声声里是秋风。"《诗经》里提到"八月剥枣十月获稻"，说明了嘎嘎枣的收获季节是秋季。

枣枣枣是北京本地的枣，早在明朝的时候就作为贡品出现在皇宫院内，历史悠久。现在，枣枣枣主产区在怀柔区的桥梓镇，24 个行政村都有种植，种植面积高达 3.5 万亩。枣枣枣，口感香甜酥脆，汁液多，果皮比较薄，深受百姓喜爱，是国家地理标志保护产品。

枣枣枣里的黄酮类化合物可以安神补脑，如果睡眠不好的话，可以吃点枣或去中药房买枣核泡水喝，可以安神，有助于睡眠。同时，枣里富含维生素 C，可以抗衰老、抗氧化，延缓人体的衰老。

四、水晶门钉

水晶门钉的外形与门钉肉饼有点相似，后者是清真的回民食品，前者则为汉民食品。水晶门钉用发面制成，制作时将发好的面加适量碱面和白糖揉均匀，上笼蒸过取出，晾凉后擦碎过箩，馅心一般会用猪板油，切成小丁，还有青红丝切短丝，再加上瓜子仁、葡萄干等干果，把这些原料跟白糖、糖桂花一起搓匀，就变成了水晶馅。发面搓成圆条，揪成面剂，摁成圆皮，包馅，包成顶上为圆球形状，收口朝下，饧几分钟后，入笼蒸熟即成。

水晶门钉颜色白净，馅儿呈半透明状，松软油润，甜香可口，白糖和糖桂花特别甜，糖尿病患者要慎食。

五、六渡河村板栗

六渡河村是渤海镇板栗种植面积和产量最大的一个村子，村内山清水秀、树木繁茂、环境优美。该村板栗品种多、质量好，游客一年四季到村里，随时

都可以吃到现炒板栗。农户还开发了板栗粥、板栗宴，供游人前来品味板栗特色餐饮。每年6月板栗开花季节和10月收获季节，"栗花沟"的板栗赏花节、板栗采摘节等节庆活动，吸引了众多游客前来游玩。

2009年，怀柔区渤海镇六渡河村被评为"北京市最美的乡村"。

六、怀柔核桃

怀柔北部是燕山山脉，山区比较多，盛产核桃。核桃曾经被称为胡桃、羌桃，它的原产地是西亚南欧一带，汉武帝时，张骞出使西域把核桃种子引进了我国。319年，石勒占据了中原，建立了后赵，因忌讳这个胡字，所以就把胡桃改为核桃，一直沿袭至今。

七、虹鳟鱼

怀柔区凭借得天独厚的冷水资源，发展虹鳟鱼养殖已经有30余年，已经成为怀柔的品牌。怀柔的虹鳟鱼主要分两类：一类是普通的虹鳟鱼，另一类是金鳟鱼。在怀柔雁栖镇有虹鳟鱼一条沟，集观赏、垂钓、烧烤、食俗、娱乐于一体，在这里，虹鳟鱼的养殖成规模，带动了当地的旅游经济。

虹鳟鱼的另一个品种是金鳟鱼，是虹鳟鱼的一个变种，原产地是北美洲，跟虹鳟鱼一样都属于冷水的淡水鱼。无论是金鳟鱼还是虹鳟鱼，身体的中部腰线处有一条红色的线，这个是虹鳟鱼的一个特征。

八、果脯蜜饯

怀柔的果脯蜜饯制作技艺（北京果脯传统制作技艺）是国家级非物质文化遗产。

北京果脯蜜饯是传统风味食品之一，誉满京师，驰名全国，远销国外。在我国的古籍中，关于用蜂蜜腌制果实的记载很多。这些记载皆是把鲜果放在蜂蜜中熬煮浓缩，去除大量水分，借以长期保存，故称为"蜜煎"，以后逐步演变成"蜜饯"。后来有用砂糖代替蜂蜜的。北京果脯的制作始于明、清，起源于宫廷御膳。相传明末，为了保证皇帝一年四季都能吃上新鲜果品，厨师就将各季所产的水果，分类泡在蜂蜜里，并逐渐加入煮制等制作工艺。到了清朝，果脯制作技艺由宫廷传入民间。金易在《宫女谈往录》中记载了慈禧身边的宫女对果脯的描述："宫里头出名的是零碎小吃。秋冬的蜜饯、果脯，夏天的甜碗子，简直是精美极了……"当时的北京果脯制作以北方特有的桃、梨、杏、枣等为主料，有桃脯、杏脯、梨脯、苹果脯，还有金丝蜜枣，去核加松子核桃等。此时北京果脯制作达到鼎盛，果脯、蜜饯之间也有了严格的区分。

北京人习惯把含水分低、不带汁的制品称为果脯，如苹果脯、梨脯、杏脯、桃脯、沙果脯、香果脯、海棠脯、枣脯（又称金丝蜜枣）、青梅脯、红果脯等。这些果脯是把原料经过预处理，糖煮，干燥而成，色泽棕黄色或琥珀色，鲜亮透明，表面干燥，稍有黏性，含水量在20%以下。这种水果制品，也称"北果脯"或"北蜜"。而冬瓜条、糖荸荠、糖藕片、糖姜片等表面挂有一层粉状白糖衣的称为糖衣果脯，也叫"南果脯"或"南蜜"，是来自福建、广东、上海等的南方果脯，其质地清脆，含糖量多。十几样果脯合在一起，名之为"什锦果脯"，北京人俗称"高杂拌儿"或"细杂拌儿"。

因为加工果脯和蜜饯主要是用糖液浸渍果实，通过糖的高渗透作用，使糖渗入果内，果内的水分渗出。因此，制作果脯蜜饯对水果品种和质量必须严格把关，才能制造出品质优良的产品。制作果脯蜜饯的原料要求果肉致密、耐煮、成熟但不可过熟、果肉保持一定硬度。例如，对制作杏脯的鲜杏要求色泽金黄、肉质细腻、具有韧性、成熟但不软不绵、易离核、耐贮存的品种，北京的"铁叭达""山黄杏"是比较理想的原料。

果脯蜜饯含糖量高，糖尿病患者不宜食用。

九、怀柔红肖梨

早在明清时期，红肖梨已是御用佳品。怀柔红肖梨主要分布在怀北镇。怀北镇有果树两万亩，主要有梨、苹果、桃和板栗等，其中最为出名的就是"京北名果"红肖梨。

红肖梨果形圆形或卵圆形，果实大，果皮底色黄绿色，向阳面为鲜红色，鲜艳明亮。《本草纲目》记载："肖梨有治风热、润肺凉心、消痰降炎、解毒之功也。"民间也传说红肖梨能治百病，是老少咸宜的食疗佳果。怀柔地区土壤和水质特殊，红肖梨果实圆形，果大，肉质较粗，味酸甜，稍有涩味，含有

多种人体所需的钙、铁、锌等微量元素和维生素，鲜食生津止渴，蒸食润肺止咳。

怀柔地区的梨果也是北京果脯制作的主要原料之一，把梨子经过处理后，与糖一起熬煮，然后干燥制成梨脯，颜色呈棕黄色或琥珀色，阳光一照，鲜亮透明，表面干燥，稍有黏性。

十、长哨营满族食俗

长哨营满族食俗是北京市非物质文化遗产。长哨营乡位于京北怀柔沿汤河一直向北，顺治二年（1645年），清廷派兵驻守此地，有个名叫彭继贵的携家眷随军前往。从此以后，彭姓满族人就在此定居下来，代代延续着他们的饮食习惯。

怀柔长哨营满族乡是北京仅有的两个满族乡之一，拥有360多年的满族文化底蕴。七道梁村"二八席"、满族特色建筑和项栅子村"火锅宴"、满族特色小吃等已成为该乡民俗旅游产业的"金字"招牌。项栅子村在雁栖湖开发区开设了特色饭店——满乡庄园，把满族"火锅宴"等特色食俗真正地搬进了城区，满族文化品牌进一步叫响。

满族的饮食保持了传统的民族特点，体现了地处寒冷北方的地域特征。喜重油荤，以炖菜为主，以玉米、高粱、小米为主食，一日三餐，习惯早晚吃干饭或稀饭，晌午吃用黄米或高粱等做成的饼、糕、馒头、饽饽、水团子之类食物。满族人的烹调以烧、烤见长，擅用生酱（大酱），蔬菜随季节不同而变化，杂以野菜及菌类。满族先人好渔猎，祭祀时除用家禽、家畜肉外，还有鹿、雁、鱼等，尤其喜食猪肉。满族人忌吃狗肉，设大宴时多用烤全羊。

长哨营满族食品历史悠久，其制作技艺几百年不衰，主要原因是它具有独特的技艺特点，其制作技艺的原理、材料和工艺流程，不仅具有科学价值，更具有学术价值。

十一、敛巧饭食俗

元宵节（敛巧饭习俗）是怀柔区琉璃庙镇杨树底下村流传了180多年的古老传统民俗，已经入选第二批国家级非物质文化遗产。每到正月十六前夕，村中少女到各家敛收粮食、蔬菜。待正月十六这天，由成人妇女将其做熟，全村人共食。其间，锅内放入针线、铜钱等物。食之者，便证明求到巧艺及财运。另外，"巧"字，是当地人对麻雀、山雀等的别称。在人们吃"敛巧饭"之前，要扬饭喂雀儿，口念吉祥之词，一是为向叼啄谷种的雀儿谢恩，二是为祈求来年丰收。饭后，人们还要在冰上行走，曰：走百冰（病），即去掉百病。每到此时，还有戏班及花会助兴演出，该食俗是劳动人民精神寄托的表现形式，感谢大自然的赐予，祈求来年风调雨顺。

怀柔敛巧饭习俗起源于清代嘉庆、光绪年间，距今已有180多年的历史。100多年来，此项民俗活动代代沿袭、传承不断，村民亲切地称之为"巧饭"。杨树底下村敛巧饭风俗历史悠久，传承持续不断，具有鲜明的地域特色，是春节民俗活动的组成部分，反映了北京地区独特的传统文化形态，也是当地人民一种思想意识的反映，有较高的文化价值。

相传，当初先人从山东青州迁来时，见此地山清水秀、藏风纳气，且在山前向阳处生有一棵粗壮参天的大杨树，便在此定居，并以杨树名村。这里虽然风水好，但要生存，就须垦荒种粮，可是没有种子。人们商量后，决定去他处寻种。待求得种子归来途中，不慎将种子撒在了石缝里。正当寻种人焦急之际，忽然飞来几只山雀，将石缝中的种子衔出，一粒未吃，留给了讨种之人……为了感谢神奇山雀的恩德，如今，杨树底下人不惜重金，建造了一座神雀台。神雀台，是一幢高约10米、直径约2米的雀图腾柱。柱顶端为高约1米许的挥翅落定的神雀。柱子表面，则是以剪纸手法雕刻的神雀衔种及山民耕种劳作的写意场面。整个神雀台，神雀栩栩如生，浮雕生动流畅。

近年来，琉璃庙镇以"敛巧饭"的由来和发展历史为内容制作了图文并茂的文化墙，举办"敛巧饭"系列文化活动。活动丰富多彩，"敛巧饭"越办越好、越办越大。通过活动的举办，使传统民俗文化得以更好地保留和延续，更有利于发展农村经济、提高农民收入，使农民走向逐步致富的道路和全面推进社会主义新农村及和谐农村的建设。

第三节　密云区的特色原材料和食品

密云区位于北京市东北部、燕山山脉南麓、华北大平原北缘，是平原与山区交接地带，是首都重要饮用水源基地和生态涵养区。北邻河北省滦平县，东接河北省承德县和兴隆县，南与平谷、顺义区相连，西与怀柔区毗邻。密云属燕山山地与华北平原交接地，是华北通往东北、内蒙古的重要门户，故有"京师锁钥"之称。全区东、北、西三面群山环绕、峰峦起伏，巍峨的古长城绵延在崇山峻岭之上；中部是碧波荡漾的密云水库，西南是洪积冲积平原，总地形为三面环山、中部低缓、西南开口的簸箕形。

密云历史悠久，早在 10 万年前，区域内已有人类活动。约 6000 年前，先民已聚居而形成村落。约新石器时代后期，传说舜流共工于幽陵，共工所居之处"共工城"，即位于现密云区燕落村南，幽陵自然成了密云县最古老的名字。商代为商域，西周与春秋时期为诸侯国燕的领地。战国时期一度被东胡进占，燕昭王二十九年（前 283 年），燕大将秦开击退东胡，收复密云地区，并于此地设郡，郡址在现密云区统军庄村南的南城子。因其位于渔水（现白河）之阳，故称之为渔阳。这是文字记载县境内最早的行政建制，故密云曾被称为渔阳古郡。

密云属于暖温带季风型大陆性半干旱气候，降水不均，潮白河水库丰枯悬殊，暴雨后河水泛滥，中华人民共和国成立后，人民政府重视水利建设，在密云先后建设了密云水库等大小型水库和塘坝 70 多座，其中，密云水库是华北最大的水库，是首都生活和生产用水的主要水源，更是调节和涵养北京地区地下水源的主要地表水大水库。

密云林木茂盛，林业资源丰富，全区果树种植面积大、产量高，密云小枣、核桃、板栗、杏仁等曾大量出口，黄土坎鸭梨、坟庄核桃、银冶岭的红果、石峨的御皇李子都是果中珍品。密云养殖业在密云农业中也占有重要地位，密云水库水质清洁、未受污染，所产的水库鱼肉质鲜美，为淡水鱼中的上品。

一、燕山板栗

密云板栗生产历史悠久，是京郊板栗生产大区。密云为燕山板栗的重要产区，主要分布在密云水库环湖的东西北岸的十个乡镇，包括石城镇、冯家峪镇、不老屯镇、北庄镇、太师屯镇、高岭镇、大城子镇、巨各庄镇、穆家峪镇、溪翁庄镇 10 个乡镇。这些乡镇板栗的生产面积有 30 多万亩，这 30 多万亩的板栗，基本上全部完成了绿色食品认证。2004 年 12 月，密云区获得了国家林业局授予的"中国板栗之乡"的荣誉称号，在 2005 年 10 月申请注册了"密云甘栗"的商标。

二、红香酥梨

红香酥梨的主产区是庄头峪村，有千亩红香酥梨果园。红香酥梨有"百果之宗"的美誉，它的味道鲜甜可口，并且香脆多汁，富含丰富的维生素。红香酥梨，生长周期很短，9 月成熟就可以采摘，10 月中旬的时候，梨子就全部下树了，成熟比较快，而红香酥梨的优点是耐储藏，只要在采摘期采摘下来就可以存放很久。2005 年，庄头峪村的红香酥梨获得了由中国质量认证中心颁发的有机认证证书。有机认证非常严格，对环境的水质、土壤等都有一定要求。

三、云岫李子

云岫李子主产区在新城子镇，具有非常悠久的历史。云岫李子颜色鲜艳，着色率能达到 80% 以上。云岫李子非常美味，具有良好的耐储性，储存的时间比较长。2001 年 5 月获得了北京市食用农产品安全认证。

四、御皇李子

御皇李子的主产区是东邵渠镇，这个镇是御皇李子的发祥地。有一个村子叫石峨村，这个村子被誉为御皇李子之乡。东邵渠镇的石峨御皇李子久负盛名，种植面积达到 1.3 万多亩，年产量能达到 110 多万公斤，同时在国家工商部门注册了"御皇李子"商标，并获得了绿色食品的标志。

御皇李子为中国传统名果。元代王祯《农书》载："御黄李，形大、肉厚、

核小、甘香而美。"明嘉靖皇帝幼年曾尝此果,登基后定其为贡品,赐名曰"御黄李",名带"御"字,足见此果之珍贵。明万历《顺天府志》、清光绪《宛平县志》记载:"密云石峨御皇李以明、清两朝皇室贡品而闻名。"史载清康熙帝路经此地,时温高气躁,君臣饥渴,偶见李树园,其果皮颜色黄澄,鲜亮如玉,薄带粉霜,细细品尝,肉质细密,汁多味甜,康熙皇帝龙颜大悦,对群臣曰:"李唐有天下,此果未得封。果虽为"李"姓,今生于大清之土,可为御用之品"。一经金口,石峨御李便名扬天下、享誉四海,成为每年进献宫廷的御品,石峨村亦因之成为"御李之乡"。

御皇李子营养丰富,含有丰富的李子多酚,可以清除体内自由基,起到抗氧化、抗衰老的作用,对养护心血管具有良好功效,也可以辅助预防心脑血管疾病发作。李子还含有丰富的纤维素、半纤维素和果胶,有利于肠道蠕动,同时可以辅助降低胆固醇,预防血管动脉粥样硬化。

五、黄土坎鸭梨

早在明代时,黄土坎地区开始种植鸭梨,距今已经有 600 多年的历史。《密云县志》记载:"鸭梨以黄土坎村为最好,故又称黄土坎鸭梨……清朝时已驰名遐迩。"相传乾隆年间,清帝与文武百官由承德回京,行至杨各庄,歇息于此。酒宴过后,地方献上各色果品,却都不能引起乾隆皇帝半分兴趣,就在兴味索然之际,地方村献上黄土坎鸭梨一盘。倦怠的皇帝眼睛一亮:好个金黄如玉、耀眼生辉的果中仙品!细细品来,清香满口、甘美如饴,连称"梨中之王",急呼刘墉作《鸭梨赋》一篇。刘墉曰:"梨之佳者有五美,否则具四恶。四恶为何?曰酸,曰涩,曰有渣,曰多核;美则甜也,松也,大也,汁多而皮薄也。存五美而去四恶者,其唯黄土坎之梨乎!尔乃灵关至味,玄圃奇葩。金桃媲美,火枣同夸。到处有佳梨,而入贡必需黄土坎;世间无美种,而此本出自天界。其大如升,其甘胜蜜。琼浆满腹而剖之不流,玉液填胸而吸之不出。才入口兮辄苏,未经嚼兮成汁。询诸喉而喉曰润,质之口而口曰可。无微不巨,孔融取小而无所用其谦;见热即消,肃宗欲烧而难以投诸火。不识字者,误认为伐脏之斧斤;稍知书者,皆识为太上之灵果。"由此可见,刘墉对黄土坎鸭梨有着高度好评。自此,经乾隆皇帝金口、大学士刘墉亲书,黄土坎鸭梨便成为清廷御用贡品，扬名京城，如今已成为国宴的"常客"。

黄土坎鸭梨主要分布于密云水库北岸水源保护区、云峰山前麓的不老屯镇。不老屯镇依山傍水、风景秀丽，地表水充沛，达到国家二级饮水标准。不老屯镇地下蕴含着丰富的麦饭石，而黄土坎鸭梨长在麦饭石矿床上，素有"梨中之王"的美誉。麦饭石富含人体必需的多种微量元素，因为这种石头属于火山岩石，具有很大的比表面积（比表面积是指多孔固体物质单位质量所具有的表面积），并且对细菌具有很强的吸附作用，因此可以用于水质净化、污水处理。饮用麦饭石水，可以调节机体的新陈代谢，有健胃、利尿、保肝和防衰老作用。

六、金叵罗小米

金叵罗小米是密云"八大特产"之一，曾为皇宫贡品，其香甜细腻的口感和极高的营养价值曾很受宫廷喜爱。

金叵罗村位于密云溪翁庄镇，紧临密云水库，历史悠久，早在唐朝时期就有此村。金叵罗村的特殊地理条件造就了闻名一世的进贡产品——金叵罗御膳宫小米。早在清朝年间，当时执政的慈禧太后到承德避暑山庄路经密云（当时的渔阳）间歇之时曾喝过小米粥一碗，食用后慈禧颇为赞赏，称此米金黄剔透、色泽诱人、滑润爽口、口感细腻、伴有清香，便派人打探此米产自何地，方知产自密云往北 15 千米处一个被人们誉为风水宝地的村庄——金叵罗村，慈禧对此米颇感兴趣并指派后宫大臣把此米作为皇宫进贡产品。

金叵罗村顾名思义，从高处看，它的村域犹如一个筐箩，而这个村名中的"金"字恰好和金灿灿的小米一样。金叵罗村紧挨潮白河，又在密云水库南边，所以这儿的土质是肥沃的黄土地，低旱低涝，特别适宜谷子生长。金叵罗村三面环山，环境优美，土壤肥沃。村民为传承小米的品质，保护土壤中的各种微量元素，小米的种植和管理一直沿用六锄八的传统耕作方式，在谷物生长的过程中，农民会将谷地"耥八遍"。"谷作八遍饿死狗"也是当地农谚。锄地次数多，能使谷子粒充实饱满，碾出的小米谷糠少、破碎粒少。严格按照二十四节气规律进行轮作和休耕，小满种谷，"小满谷，两头粗"是当地农谚。小满节气种谷子，经过 1 个月的蹲苗，到夏至节气的雨季，能达到根深叶茂，为长出大穗打下了基础。从小满节气种谷到白露节气割谷正好是 120 天的生长期。

白露是割谷的好季节，过早或者过晚收获，都会影响籽粒的品质。生长过程原生态、施农家肥，不用农药，小米在种植过程中的施肥作业，除了使用鸡粪之外，还会回收菜地废弃蔬菜、农家厨余垃圾，利用生物菌及蚯蚓堆肥，提高土壤营养；收集各家炭灰发酵还田，有利于疏松土壤，防御病虫害。专业机构检测结果显示，金叵罗的土壤肥力一级，达到国家自然保护区级别。为保证小米新鲜、营养不流失，待谷子成熟让其自然风干后，采用传统的人工掐谷方式收割，脱皮脱壳全手工磨制，并带壳保存。

小米是一种很有营养的谷物，身体虚弱的人都会喝小米粥调养身体。小米中所含的色氨酸为谷类之首，色氨酸有调节睡眠的作用。小米入脾、胃、肾经，具有健脾和胃的作用，特别适合脾胃虚弱的人食用。

七、坟庄核桃

坟庄核桃产于密云坟庄村，是北京著名的干果，也是我国知名的核桃种类。目前，坟庄村有核桃树3万多棵，占地1000亩。其中树龄在300年左右的核桃树有50余棵、150年以上的40棵、百年树龄以上的100多棵，年产核桃4万公斤。坟庄村核桃树定植于17世纪末，历史悠久。核桃果品在清朝年间是皇家清宫贡品。密云特产中流传着"西田各庄的小枣、黄土坎的鸭梨、坟庄的核桃好剥皮"的谚语。

密云核桃不仅味美，而且营养丰富。核桃的药用价值很高，广泛用于治疗神经衰弱、高血压、冠心病、肺气肿、胃痛等症。中医应用广泛，认为核桃性温、味甘、无毒，有健胃、补血、润肺、养神等功效。《神农本草经》将核桃列为久服轻身益气、延年益寿的上品。唐代孟诜著《食疗本草》中记述，吃核桃仁可以开胃，通润血脉，使骨肉细腻。宋代刘翰等著《开宝本草》中记述，核桃仁"食之令肥健，润肌，黑须发，多食利小水，去五痔"。明朝李时珍著《本草纲目》记述，核桃仁有"补气养血，润燥化痰，益命门，处三焦，温肺润肠，治虚寒喘咳，腰脚重疼，心腹疝痛，血痢肠风"等功效。核桃含有丰富的蛋白质和不饱和脂肪酸，能滋养脑细胞，增强脑功能，有补脑健脑的作用，头晕、健忘、腰膝酸软的人可以经常吃核桃。核桃含有丰富的不饱和脂肪酸，有益于降低血液胆固醇，对动脉硬化有预防作用。核桃中的维生素E具有很强的抗氧化性，是医学界公认的抗衰老物质，所以核桃有"万岁子""长寿果"之称。

八、密云渔街

密云渔街位于溪翁庄镇口门子村至荞麦峪村环湖路两侧，渔街在京城颇负盛名，几十家以密云水库鱼和地道农家菜为特色的民俗饭店分列道路两侧，每逢节假日都会吸引不少食客。

鱼街主要特色美食有酱炖鱼、垮炖鱼、锅煲鱼等，农家饭也深受游客的喜爱，玉米贴饼子、菜团子、小米粥是这里的特色。各种鱼类菜品不但味道鲜美，对人体还有多种保健功能，鱼肉是优质蛋白，容易被人体吸收，鱼肉还富含维生素 A、维生素 D、维生素 E 等脂溶性维生素，能强健大脑和神经组织以及视网膜。鱼还含有多种不饱和脂肪酸，能防止血黏度增高，有效预防心脏病的发生，还有辅助治疗慢性炎症、糖尿病和某些恶性肿瘤的作用。研究发现，儿童经常食用鱼类，生长发育比较快、智力发展比较好，配方奶粉中添加 DHA 和 EPA 都是不饱和脂肪酸，由此可见，鱼中的蛋白质、不饱和脂肪酸和各种维生素、矿物质对人体发育和保持健康体魄具有重要作用。

九、古北口"二八席"

密云古北口是北京的东北大门，是关里关外的分界岭，素有"南控幽燕，北撼朔漠"之称。古北口在北京东北部与河北省交界处，位于山海关和居庸关之间，从西汉开始，这里就是兵家必争之地，也是进入京城的交通要道，清朝时期，满族驻军把守关口，拉家带口就成了常驻民，满族人的一些饮食习惯也随之被带到了古北口镇。

古北口的满族"二八席"指的是"八盘八碗"。"八盘"指的是八个盘子，四凉四热，"八碗"指的是八个碗，四荤四素，其中四荤是四肉，分红肉、白肉两种。古北口村的"二八席"从选材、着色、蒸煮、足量、品质等方面，道道讲究，不仅味道鲜美，而且经济实惠。

喜欢吃黏食是满族人的传统，因为满族的狩猎生活经常是早出晚归，吃黏食耐饿，所以古北口人做的驴打滚可能更符合驴打滚最初的状态，只不过当普通的驴打滚传入北京城以后，为了适应不同身份人的口味稍做改良，成了大家

常见的那种驴打滚。古北口的满族宴融会了八大碗和满族小吃，如古北口的驴打滚用黏高粱和黍子（大黄米）面制作而成。满族的"八大碗"是满汉全席的"下八珍"，象征的意义是一脉相承的。

第四节 昌平区的特色原材料和食品

昌平区是北京的新城和科教新区，是首都西北部生态屏障，是拥有6000多年文明史、2000多年建制史的昌盛平安之地，是坐拥明十三陵、居庸关两大世界文化遗产的文化旅游名区，是致力全国科技创新中心主平台建设、服务首都高质量发展的创新活力之城。

昌平区域面积1343.5平方公里，现辖8个街道、14个镇。改革开放40多年来，坚持实施科教兴区战略、创新驱动发展战略，综合经济实力、城乡发展水平、社会民生福祉大幅提升，各项事业取得长足进步。特别是2014年和2017年习近平总书记两次视察北京以后，紧抓京津冀协同发展、首都"四个中心"功能建设的历史机遇，以减量发展为基础、以创新发展为引领，经济社会发展正在发生一场深刻变革。

昌平区是历史上的"京师之枕"，新时代的文化魅力之城。境内有北京地区发现最早的新石器时代文化遗址之"雪山文化"。秦设军都县，西汉设昌平县，得名至今已有2000多年。明代升为昌平州，筑有永安城和巩华城，被誉为"京师之枕""股肱重地"。现有两处世界文化遗产以及银山塔林、白浮泉遗址等6处国家级文物保护单位。居庸叠翠是历史上的燕京八景之一。中共南口特别支部是北京最早的一批工人党支部。平郊民众抗战第一枪国民抗日军起义在昌平打响。近年来，坚持以文化人、以文强区，实施昌平历史文脉梳理工程，挖掘梳理和抢救保护一批历史文化资源。北京正在打造大运河、长城、西山永定河三大文化带，昌平是唯一一个三大文化带建设都有所承载的区。正在实施昌平历史文化地标工程，建设大运河源头白浮泉遗址公园，加强文化遗产和各类文物整体保护，打造明十三陵门户服务区、新城东区特色文创区，努力建设历史人文与现代科技交相辉映的文化魅力之城。

一、昌平草莓

昌平草莓是农产品地理标志产品，草莓的质量、声誉和其他特性本质都跟产地的自然因素和人文因素息息相关。昌平位于国际公认的草莓最佳生产带，纬度是北纬 40°。

草莓含有丰富的胡萝卜素和维生素 A，这两种物质可以保护视力。同时，草莓含有丰富的膳食纤维，可以帮助消化、防止便秘；草莓里的维生素 C 和花青素可以起到抗氧化、抗衰老的作用，所以吃草莓还有美容和抗衰老的功效。

二、燕山板栗

昌平区也属于燕山山脉，昌平的第二大特产是燕山板栗，国家地理标志保护产品。燕山板栗是整个燕山山脉的一大特色产品。昌平燕山板栗主要分布于昌平区的长陵、十三陵、兴寿、崔村、南口及延寿镇，栽培历史悠久，最早可追溯到春秋战国时，在《诗经》《礼记》《论语》《史记》等古文献中均有记载，《诗经》有云"树之榛栗""侯栗侯梅"等。陆玑注疏云："栗，五方皆有。"《战国策》记载，战国时期幽燕"有枣栗之利，民虽不由田作，枣栗之实，足食于民矣。此所谓天府也"。三国时陆玑的《毛诗草木鸟兽虫鱼疏》称："五方皆有栗，唯渔阳、范阳栗，甜美味长，他方者悉不及也。"司马迁的《史记·货殖列传》中有"燕、秦千树栗……此其人皆与千户侯"。金元时期，昌平区南口著名的庆寿寺也经营庞大的栗园。据《松云闻见录》记载："南口在居庸关之南，庆寿寺祖师可暗，以法华经数，该四万八千字数为号，种栗园计千余顷。"

三、昌平苹果

昌平苹果是国家地理标志保护产品，南口镇的苹果是非常著名的。南口镇自然条件优越，并且苹果含糖量比较高，着色的速度比较快，营养丰富，所以昌平自古以来就有"苹果福地"的美誉，昌平的苹果也获得了国家地理标志产品的称号。昌平除了南口镇，还有南邵镇、崔村镇、阳坊镇等 12 个镇和街道

都有苹果的种植。

四、北京莲花白酒

莲花白酒源于清朝万历年间，徐珂在《清稗类钞》中记载："瀛台种荷万柄，青盘翠盖，一望无涯。孝钦后每令小阉采其蕊，加药料，制为佳酿，名莲花白。注于瓷器，上盖黄云锻袱，以赏亲信之臣。其味清醇，玉液琼浆，不能过也。"到了清代，莲花白酒的酿造采用万寿山昆明湖所产白莲花，用它的蕊入酒，酿成名副其实的"莲花白酒"，配制方法为封建王朝的御用秘方。

现在莲花白酒是一种药酒，主要是以昌平酒厂生产的优质高粱酒为基酒进行调制，添加当归、熟地、黄芪、砂仁、何首乌等20多种名贵的中药材，这些药材加到基酒里，进行蒸、炼、调配，然后入坛密封陈酿而成。酒度50°，酒液晶莹、透亮，芳香悦人，口感天润醇厚、柔和不烈、回味悠长。具有滋阴补肾、和胃健脾、舒筋活血、祛风避瘴等功能。

五、阳坊涮肉

阳坊镇是北京西北燕山脚下一个古老的重镇，是北京城回民居住比较集中的一个地区。历史上，阳坊镇就是一个多民族融合的地方，阳坊曾经是连接南北交通以及牛羊果品交易的大型集散市场，所以阳坊涮肉到现在都是大家熟知的一个特产。2021年，北京阳坊传统涮羊肉制作技艺入选第五批北京市级非物质文化遗产。

六、昌蜜红少籽西瓜

昌蜜红少籽西瓜主要分布在昌平的南邵镇和崔村镇，还有昌平镇等地，含糖量很高，一般在10%以上，最高的能达到13%~14%。这种西瓜，籽特别少，吃起来比较方便。有人曾经统计过，平均单瓜的籽在60粒左右，是一般西瓜的十分之一。这个瓜抗病力强，尤其是抗枯萎病。除了这个特点之外，它还耐储运，可以长时间存放，在适度采收的情况下，在室内能存放15天以上，它的果皮韧性非常好并且不裂。

七、昌平京西小枣

昌平京西小枣主要位于流村镇西峰山村。京西小枣也叫西峰山小枣、西峰山金丝小枣，至今已有 400 多年的历史。《光绪昌平州志物产篇》《康熙昌平州志·赋役志》记载："每年昌平州要向光禄寺（专门为皇家承办大型宴会的机构）敬献诸多著名果品，其中上等红枣一百三十五斤。"此上等红枣就是西峰山小枣。西峰山地处平原与深山区的过渡区，这里有山但不高，挡住平原刮来的大风与沙尘，阳光充足，雨水适中，土质上好，造就了甘甜、绵润、核小的西峰山小枣。晒干后，含糖量极高，两个手指捏住小枣腰部缓缓拉开，对着太阳一照，金光闪闪，因此也被称为西峰山金丝小枣。

西峰山小枣营养丰富，素有天然"维生素丸"之美称。《本草纲目》记载："干枣润心肺，止咳、补五脏、治虚损、除肠胃癖气。"由此可见，食用小枣裨益多多。

八、昌平海棠

昌平海棠主要分布于老峪沟地区的马刨泉、老峪沟、长峪城、黄土洼、禾子涧村。老峪沟海棠是当地特产之一，是老峪沟农产品中的典型代表，至今这几个村子里还保留了很多老树。2012 年，北京市园林绿化局把老峪沟地区的 904 株海棠树定位为后备古树。

昌平海棠色泽鲜红，果型美观，鲜食酸甜香脆，海棠果含有丰富的糖类、多种维生素以及有机酸，可供给人体必需营养，从而提高机体免疫力；海棠果含有丰富的维生素和有机酸，可促进机体对食物的消化，主要用于治疗消化不良、食积、腹胀等疾病。但是有胃溃疡或者胃酸分泌过多的患者不宜使用海棠果，否则会加重胃部疾病。

九、昌平京白梨

昌平京白梨，原名叫"北京白梨"，是秋子梨系统中品质最为优良的品种之一，是北京果品中唯一冠以"京"字的地方特色品种，也是阳坊农产品中的典型代表，主要分布于阳坊镇前、后白虎涧村，这里东临京密引水渠，土壤、

光照、气候都适宜种植京白梨。

阳坊白虎涧村京白梨的种植已有 200 多年历史。据记载，清朝中晚期，村民刘长青善于种植林果，一次他在售卖樱桃时遇见了御果园的管园太监，把御果园内京白梨的苗木嫁接和管理等技术传授给了他。京白梨被刘长青引种成功后，逐渐在白虎涧得到广泛种植，从而成为阳坊地区一大特产。京白梨初下树时，果肉细嫩，皮色青绿，存放数日后食用最佳，果汁饱满，口感脆爽，有浓厚的香味，具有生津、润燥、清热、化痰等功效。2012 年，成为国家地理标志保护产品。

十、昌平磨盘柿

昌平磨盘柿主要分布于十三陵、流村、南口、崔村、兴寿等 30 多个村子。十三陵磨盘柿有 300 多年的种植历史，主要栽培品种为十三陵磨盘柿和少许杵头柿，十三陵磨盘柿因果形如磨盘，故名"磨盘柿"，是昌平区有名的特产。十三陵磨盘柿果色乳黄，硬柿脆甜，软柿微甜多汁，果实耐储运。

十三陵磨盘柿可鲜食，也可加工制糖、酿酒、酿醋，柿叶可以做柿叶茶。柿子富含单宁物质，有涩涩的口感，可以经过脱涩形成脆甜果实。单宁属于黄酮类化合物，具有很强的抗氧化性；柿子干表面的白霜是果糖和葡萄糖混合物，有辅助治疗咽痛、咽干及口疮等功效。

第五节　顺义区的特色原材料和食品

顺义区位于北京市东北部，北邻怀柔区、密云区；东临平谷区，南与河北省三河市、北京市通州区接壤，西南、西与朝阳区、昌平区隔温榆河为界。毗邻北京城市副中心，是首都国际机场所在地，总面积 1021 平方公里，其中平原面积占 95.7%。

顺义历史悠久，夏、商、周三代随北京地区属冀、幽、燕。西汉时，汉高祖五年（前 202 年）至十二年（前 195 年）置狐奴、安乐两县属渔阳。唐贞观二十二年（648年），以内附契丹别帅析纥便部置归顺州，本为契丹松漠府弹汗州（松漠府在今辽宁省阜新、彰武一带），唐天宝元年（742年）改称归化郡，唐乾元元年（758年）复称归顺州，领怀柔县（与今怀柔区无关），州、郡、县治所同一。明洪武元年（1368年）十二月，降顺州为顺义县，属北平府，后为顺天府所辖。"民国"三年（1914年）十月，改顺天府为京兆特别区，"民国"十七年（1928年）六月，北京改称北平，顺义直属河北省。1948年12月8日，顺义县城解放。1949年8月，顺义属河北省通州专署领导。1958年4月，划归北京市，1998年12月，经国务院批准撤销县制，设立顺义区。

按照新版北京城市总体规划，顺义区是北京市"一核一主一副、两轴多点一区"城市空间结构中的"多点"之一，也是"国门"所在地、首都重点平原新城、中心城区适宜功能产业的重要承接地，正在建设"港城融合的国际航空中心核心区，创新引领的区域经济提升发展先行区，城乡协调的首都和谐宜居示范区"。

一、鑫双河的樱桃

2004年，顺义的河北村双河果园通过了ISO14001的环境质量认证。2007年，河北村的人就拥有了自己的第一个注册商标"鑫双河"。2008年，河北村双河果园取得了中国质量认证中心出具的有机产品认证，并在全村推广经验，全村实现了千亩樱桃有机化。同一年，河北村的樱桃就入选了2008年北京夏季奥运会推荐果品，河北村樱桃园成了奥运果品基地。

吃樱桃对身体有益。樱桃富含铁元素，有助于缺铁性贫血的人群补血。樱桃还含有褪黑素、维生素C和花青素，这些物质都具有抗衰老、抗氧化、抗肿瘤的功效。樱桃里的花青素和红色素，具有缓解痛风、关节炎的功效，所以樱桃对人体健康是非常有益的。

二、牛栏山二锅头

牛栏山二锅头是北京顺鑫农业股份有限公司的明星产品。顺鑫农业是北京顺鑫控股集团有限公司的旗下企业，于1998年11月4日在深圳证券交易所挂牌上市，是北京市第一家农业类上市公司。顺鑫控股是一家集白酒、肉食、农

品、智慧产业和综合板块于一体的投资控股型企业集团，主要业务涵盖白酒、肉食品（猪肉、牛羊肉、禽肉）、农产品流通、种业、智慧农业、农产品贸易、饮料和建筑施工等。

截至目前，顺鑫控股已连续21年荣获"农业产业化国家重点龙头企业"，连续17年入选"中国制造业500强"，跻身"中国企业500强"行列，是第七届中国花卉博览会的投资方和建设方，2019年北京世园会首批全球合作伙伴和北京2022年冬奥会和冬残奥会官方赞助商，还是北京奥运会、残奥会、花博会、南京青奥会、APEC会议、国庆60周年和70周年大阅兵、纪念反法西斯胜利70周年大阅兵、庆祝建党100周年大会、每年全国两会等重大活动的食品供应商。拥有6个中国驰名商标（顺鑫、牛栏山、鹏程、牵手、宁诚、小店）、9个省级著名商标（顺鑫农业、牛栏山、鹏程、牵手、宁诚、小店、华灯、鑫大禹、佳宇）、1个国家级非物质文化遗产（北京二锅头酒传统酿造技艺），已成为国内拥有驰、著名商标较多的企业。

三、燕京啤酒

燕京啤酒先后通过了ISO9001、ISO14001、HACCP、绿色食品认证及食品质量安全QS认证。燕京啤酒荣获1992年第31届布鲁塞尔国际食品博览会金奖、首届全国轻工业博览会金奖等多项荣誉称号。燕京啤酒被指定为中国国际航空等七家公司的配餐用酒。2005年，燕京啤酒成为北京奥运会赞助商，2006年成为国家环境友好型企业，2011年成为中国探月工程官方合作伙伴，2012年成为中国乒乓球队官方合作伙伴，2014年成为中国足协杯冠名赞助商。燕京啤酒经过30多年的发展，已经成为中国啤酒集团大企业。拥有啤酒生产厂家41家、原料基地2家、相关和附属企业8家。

燕京啤酒始终以清爽口味为主，精选优质的大麦，采用燕山山脉地下300多米深层的无污染矿泉水、纯正优质的啤酒花、具有典型高发酵度的酵母，经过多道工序，酿成北京老百姓最喜欢的啤酒。

啤酒里的谷胱甘肽，可以抗衰老；啤酒中的有机酸，可以醒脑提神。除了这些物质，啤酒还富含多酚物质，可以助消化、抗氧化、抗肿瘤、抗衰老。胃炎、肝病、痛风、糖尿病、心脏病、溃疡等患者不适宜喝啤酒。

四、天福号酱肘子

北京天福号酱肘子食品有限公司的天福号酱肘子制作工艺是第二批获批的国家级非物质文化遗产。天福号始创于清乾隆三年（1738年），是一家具有270余年历史的"中华老字号"品牌，以其为本建立的北京天福号食品有限公司，凭借"诚信协和，有德乃昌"的经营理念，成了百年来京城有口皆碑的熟肉制品典范企业。

天福号酱肉铺始创于清乾隆三年（1738年），当时山东大旱，颗粒无收，山东掖县人刘凤翔领着孙子刘抵明逃荒来京谋生，在西单牌楼东北角开了一家酱肉铺，取名"天福号"，寓上天赐福之意。天福号制作的酱肘子香酥可口、品质俱优，吸引达官贵人、平民百姓前来光顾。慈禧太后品尝后也大加赞赏，并赐"天福号腰牌"，规定天福号每天凭腰牌定量送酱肘子进宫。自此，"天福号酱肘子"成为贡品，名声大振。1993年，"天福号"被评为"中华老字号"。至今，"天福号"已传承八代，在280余年的历史变迁中，其生产的酱肘子等产品始终保持着超群的品质，天福号酱肘子制作技艺是刘氏祖孙二人在经营中反复研究形成的，其酱制方法独特，与众不同。其酱肘子选料精细，制成后肥而不腻、瘦而不柴、皮不回性、浓香醇厚。

2008年，天福号酱肘子制作技艺被纳入《国家级非物质文化遗产保护名录》。2019年11月，国家级非物质文化遗产代表性项目保护单位名单公布，北京天福号食品有限公司获得"天福号酱肘子制作技艺项目"保护单位资格。

五、顺义水稻

顺义水稻主产区在顺义区北小营镇的前、后鲁各庄村和东、西府村。北小营镇历史悠久，原叫狐奴县，始建于西汉初年。东汉初年，张堪任渔阳太守，在狐女山下开稻田，开创了北京地区种植水稻的先河，"三伸腰"贡米名扬天下，现在前鲁各庄村留有张堪庙遗址。

北小营镇地处潮白河冲积平原一级阶地，地势北高南低，北有小东河，东有箭杆河，西临潮白河，还有东二支渠，地上水网纵横，地下为天然水库，水质好，水位浅，利于种植农产品。

六、顺义铁吧哒杏

顺义铁吧哒杏主要在北石槽镇西赵各庄村种植，有 700 年以上的历史，元朝有诗曰："上东门外杏花开，千树红云绕石台。"明末清初，顺义的杏就以色鲜味美闻名京城，到了清朝雍正年间被钦定为"御杏园"。据传，乾隆年间，乾隆皇帝微服私访至此，发现此杏，品尝之后发现口舌生津，于是他连连称赞"铁吧哒"（满语最好的杏的意思），这就是铁吧哒杏名字的由来。至今，西赵各庄村还有 160 多年树龄的"铁吧哒"杏树。

铁吧哒杏果实圆形，顶尖圆，缝合线明显，果皮颜色浅黄，阳面有红色，果肉黄色，汁多纤维少，半黏核，甜仁，品质上乘。西赵各庄村人正式注册了"吧哒"商标，"御杏园"获得无公害食品基地称号，成为北京市唯一一家出口泰国的鲜杏品牌。

第六节　平谷区的特色原材料和食品

平谷区位于北京市的东北部，西距北京市区 70 公里，东距天津市区 90 公里，是连接两大城市的纽带。南与河北省三河市为邻，北与密云区接壤，西与顺义区接界，东南与天津市蓟州区、东北与河北省承德市兴隆县毗连。平谷区是北京市生态涵养区之一，总面积 948.24 平方公里，下辖 2 个街道、16 个乡镇和 273 个村庄。

平谷区地势东北高、西南低。东、南、北三面环山，山前呈环带状浅山丘陵。中部、南部为冲击、洪积平原。山区、半山区约占总面积的三分之二，有 17 座海拔千米以上的山峰。中低山区占北京市山地面积的 4.5%，是林果的发展基地。平谷区是北京市农业大区，农业在区域经济发展中占有较大的比重。平谷大桃、北寨红杏、茅山后佛见喜梨获批农产品地理标志产品。四座楼麻核桃生产系统纳入"中国重要农业文化遗产"。

一、平谷鲜桃

平谷鲜桃，久负盛名，是国家地理标志保护产品。平谷鲜桃具有种植面积大、品种多、上市时间比较长、出口量多这些特点。

桃子含有丰富的铁元素，可以预防缺铁性贫血；桃子中的膳食纤维可以预防便秘；桃子中钾元素含量非常丰富，可以辅助降低人体血压；桃子还富含维生素 C，可以提高人体的免疫力，并且有抗氧化、延缓衰老的功效。

二、北寨红杏

北寨红杏主要产于平谷区南独乐河镇北寨村，是以村子命名的，也是国家地理标志保护产品。北寨红杏果大形圆，色泽艳丽，黄里透红，皮薄、肉厚、核小，味美汁多，香甜可口。鲜食不伤胃，食用后口有余香；北寨红杏干核甜仁，杏仁香脆，耐贮运，常温下可贮存 20 天左右，长途运输不油皮。北寨红杏是北寨人自己选育出来的品种，大约在 20 世纪 50 年代，当地村民从嫁接"芽变"的野生杏开始，发展到上万亩红杏林。1982 年就被北京市果品鉴定协会确定为名特优产品，1995 年又取得了农业部颁发的"绿色食品"认证，2015 年北寨红杏被列为国家地理标志保护产品。

杏子富含黄酮类化合物和维生素 C，具有很强的抗氧化作用，并且杏子中的膳食纤维能防止便秘；杏子里面还含有胡萝卜素和维生素 A，可以保护视力；杏子里的 β–隐黄质和镁元素，可以缓解各种炎症。北寨红杏里的钾元素、钙元素和铁元素含量都比较丰富，对降血压补钙、预防缺铁性贫血，都有很好的功效。

三、佛见喜梨

佛见喜梨跟清朝的老佛爷有关系，传说她吃到这个梨以后特别高兴，所以就把这种梨叫佛见喜梨。

佛见喜梨是一种独特的梨的品种，它的果形是中型的，表皮有红色，一般梨都是黄色或者绿色果皮，而佛见喜梨表皮是红色的。在北京市林业局的资料中记载，佛见喜梨只分布在平谷的东部地区，曾是一种濒临灭绝的品种。佛见

喜梨外形有点像苹果，但又不是苹果梨，也不是红肖梨，它是一种独特的品种。茅山后佛见喜梨是国家地理标志保护产品。

四、碧霞蟠桃

碧霞蟠桃的主产区是平谷区西北部的刘店镇。因为刘店镇内有千年古刹碧霞元君祠，相传蟠桃是娘娘所赐，故又叫碧霞蟠桃。

五、苏子峪蜜枣

苏子峪蜜枣主要分布在大华山镇苏子峪，该村始建于康熙年间，因苏姓先来，居住于京东燕山山脉浅山区沟谷中，故名苏子峪。2006 年被评为市级民俗村。

苏子峪蜜枣种植历史悠久，早在清朝时就是朝廷贡品，有关部门每年都要到苏子峪采购鲜枣和干枣，供国宴专用。苏子峪蜜枣长圆形、核小、肉厚、皮薄，品质上乘，口味极佳，果肉甜脆，糖丝可拉尺余长而不断，并能正常存放一年不变质。9 月下旬成熟上市，属北京地区名特优稀传统品种。1974 年曾获北京市金果杯奖，2002 年 7 月 3 日，向国家商标局申请了"苏子峪"商标注册，已通过有机食品认证。2008 年，苏子峪蜜枣成为北京奥运推荐果品。

六、东樊各庄香椿

香椿又称椿树、椿芽树，是我国特有的材、菜兼用速生树种。春季摘取嫩梢或嫩叶供食用，是高营养蔬菜。平谷区西北部峪口镇东樊各庄的香椿品质最佳，是该区的特色产品。栽培历史悠久，据说乾隆年间就有栽培，至今已有200 多年的历史。

东樊各庄所产香椿的特点是：嫩梢、嫩叶均为茶红色，盐腌后汁液为红色。香、脆、鲜，纤维少。不仅有独特的清香味，而且含有钙、磷、铁等多种矿物质和丰富的维生素 E 等，具有健脾开胃、利尿解毒、美容的功效。香椿中的香椿素是一种挥发性的芳香族化合物，可健脾开胃、增加食欲。香椿是春季营养价值很高、应季的、极富特色的蔬菜，可以裹面糊炸制成香椿鱼，可以跟鸡蛋一起炒制，可以与豆腐一起凉拌，也可撒盐直接腌制或晒干储藏，即使常年存放，依旧味道不减，深受百姓喜爱。

第七节　门头沟区的特色原材料和食品

门头沟区位于北京城区正西偏南，总面积 1447.85 平方公里。其东部与海淀区、石景山区为邻，南部与房山区、丰台区相连，西部与河北省涿鹿县、涞水县交界，北部与昌平区、河北省怀来县接壤。属太行山余脉，地势险要，"东望都邑，西走塞上而通大漠"，自古为兵家必争之地。

门头沟区地处北京西部山区，是具有悠久历史文化和优良革命传统的老区。从 1 万年前的"东胡林人"起，其历史演变大致分为史前文明时期，春秋战国时期，秦汉、魏晋南北朝时期，隋唐五代时期，宋、辽、金、元时期，明、清时期和民国时期。中华人民共和国成立后，门头沟区进入新的历史时期。

门头沟区地处华北平原向蒙古高原过渡地带，地势西北高，东南低。地形骨架形成于中生代的燕山运动。西部山地是北京西山的核心部分，山体高大，层峦叠嶂。西北部的灵山海拔 2303 米，有"京都第一峰"之称，另有百花山、髫髻山、妙峰山等山峰。东部山地位于北京西山，山体较小，山势渐缓，其东南部的兔儿庄海拔仅 73 米，为境内最低点。

门头沟区属中纬度大陆性季风气候，春季干旱多风，夏季炎热多雨，秋季凉爽湿润，冬季寒冷干燥。西部山区与东部平原气候差异明显。永定河是全区最大的过境河流，水流湍急。加之上游流经黄土地区，河水含沙量较多，平原地区的河道不断发生淤积，迁徙不定，故史有"洋河""小黄河""无定河"之称。直至 20 世纪 50 年代修筑了官厅水库后，才改变了永定河的水文特征。

门头沟的地理环境和丰富的人文环境造就了门头沟区的生物多样性和文化的交融性。

一、龙王帽杏仁

龙王帽杏仁，主产区在门头沟、河北涿鹿、怀来、涞水等地。在北京，其

主产区主要在门头沟，是我国著名的杏仁品种。

大杏仁富含蛋白质和钙，对身体非常有益，尤其利于青少年的成长。

二、京西白蜜

门头沟地处北京西部，自然景观优美，物种繁多，蜜粉源植物种类繁多，蜜蜂品质优良。在门头沟，蜜蜂养殖的历史悠久，到现在为止已经有 300 多年的历史，门头沟素有"京西蜜库"的美称。

蜂蜜富含酶和果糖，可以起到解酒、消除积食的作用，喝醉酒的人喝点蜂蜜水，有助于解酒。蜂蜜里的糖、矿物质和维生素，可以放松神经。蜂蜜含糖量高，有高的渗透压，并且蜂蜜中的有机酸、黄酮类化合物和防御素等物质也有一定的抗菌作用。同时，蜂蜜中的多酚脯氨酸、有机酸和酶等物质有抗氧化的作用，蜂蜜中的糖、过氧化氢、丙酮醛和防御素 –1，可以促进伤口愈合。同时，蜂蜜含有有机磷酸酯，可以预防龋齿。

三、泗家水红头香椿

香椿是大自然给人类的春天的礼物，春天伊始，香椿树冒出了小小的嫩芽，就是这个嫩芽，在中国百姓春季餐桌上占据着重要的地位。红头香椿的主产区是门头沟区的雁翅镇泗家水村，香椿是该村的特产。泗家水村种植香椿有600 多年的历史，明清时，香椿是宫中的贡品，泗家水红头香椿也是国家地理标志保护产品。

泗家水红头香椿具有"头大抱拢，色泽红润光亮，味香浓郁，食后无渣"的特点，当地人保持只采顶芽、不采侧芽的传统采摘方式，保证了红头香椿的优良品质。香椿营养丰富，富含维生素 C、维生素 E 等物质，可以抗氧化、延缓衰老；香椿中的香椿素等挥发性芳香族化合物可以健脾开胃、增加食欲，唤醒大家"沉睡"的味觉。同时香椿里还有一种物质叫楝素，可以祛蛔虫；可以用香椿做成香椿摊鸡蛋、炸香椿鱼儿等菜品。不过食用香椿时需要注意，尽量使用热水焯过的香椿，因为香椿里含有亚硝酸盐，用热水焯完以后，亚硝酸盐的含量就降低了，而亚硝酸盐如果在体内累积比较多的话，容易致癌。

四、妙峰山的玫瑰

门头沟区妙峰山镇有一个村叫涧沟村，这个村栽培玫瑰花距今有几百年的历史，自宋代至今，因其品种纯正而驰名海内外，妙峰山则被誉为"中国的玫瑰之乡"。妙峰山的玫瑰花，特点是花朵大、颜色鲜艳、气味浓厚、品质好、经济价值高，正因如此，人们把妙峰山的涧沟村又称为"玫瑰谷"。

玫瑰花含有萜烯类化合物、脂肪族化合物、含氮含硫的化合物，泡玫瑰花浴可以缓解神经疲劳；玫瑰花的黄酮类化合物和苯乙醇可以抗衰老、美容养颜。干制的玫瑰花可以代茶饮，有美容的功效。玫瑰花里的一些酚类化合物、维生素 E 和胡萝卜素，具有抗菌的作用。

五、压肉

一般在春节的时候会有压肉，现在一年四季都有这个特色产品。压肉一般用猪头肉、猪耳朵和猪肘，小火熬炖十几个小时，捞出将肉快刀剁成肉丁，肥瘦相间，再加入核桃仁混合均匀，放入模具中，一层肉丁，一层猪耳朵，一层肉丁，一层猪耳朵，这样一层一层叠放，然后通过专用工具压制而成。做工精细、佐料专一，是京西压肉的独到之处。

六、京白梨

京白梨起源于门头沟军庄镇东山村青龙沟一代低洼地，已有 400 多年的种植历史，东山村庙洼一带目前仍保留有 200 年以上的老梨树百余株。京白梨在清朝时已闻名于世，据《宛平杂谈》记载，京白梨自清朝同治年间成为朝廷贡品。1999 年，北京慧明果林业实验农场的场长，同时也是东山村的村民李振东，把京白梨注册了"军山牌"的商标。2012 年，门头沟京白梨获批国家地理标志保护产品。

门头沟军庄镇东山村是京白梨的原产地。东山村产的京白梨，呈扁圆形，果皮黄白色，果肉乳白色，皮薄、肉厚、汁多、核小，酸甜适中，是北京郊区名优特产之一。自明代京白梨一直是宫廷贡品，尤其是清朝的慈禧太后特别喜欢东山村的白梨。1954 年，东山村的白梨在北京市梨品品种评比会上荣获最

优产品，并在白梨前冠以"京"字，便称为"京白梨"了。

梨，可以生食，也可以制成梨汁、梨膏，具有宣肺止咳的功效。东山村的"军山牌京白梨"名声大噪，不仅建起了千亩京白梨基地，举办京白梨采摘节，而且修建了多处农家小院，发展休闲观光产业。

七、太子墓苹果

门头沟的苹果产区，主要是太子墓村。太子墓村位于门头沟区雁翅镇中部，这个村是门头沟区第一个果树专业村，这个村种植的果树品种主要是红富士苹果。

京西因昼夜温差大、日照时间长、紫外线照射充足，苹果果形端正、果面光洁、色泽艳丽、果实风味优美、甜酸适口、肉质细脆、硬度大、耐贮运。

京西苹果原来的品种主要有国光、红星、祝光、倭锦、黄元帅、青香蕉等，近年多数换成了富士品种，太子墓、九龙头等农业观光园区都已形成千亩规模基地。

八、黄安坨玉米

黄安坨村盛产玉米。近些年，科技兴村，亩产玉米千斤，科技兴村指的是地膜覆盖玉米，简称"地膜玉米"。

门头沟玉米用途广泛。烧、煮青玉米，香嫩无比；玉米豆经过高温加工爆出的玉米花老少皆宜；䗫（ce）子粥是将玉米破碎，去皮后，与大豆长时间滚熬而成的粥食。玉米皮用硫黄熏白后，编织坐垫，成为工艺品。

九、土豆

之前的煤窝不仅生产煤炭，而且由于地处摘星岭下的小盆地中，水源充沛，土壤肥沃，适宜农作物的生长，尤其是山坡上的落叶土为土豆生长提供了绝好条件。土豆，京西称其为"山药"。土豆，即可粮用也可菜用，还可深加工制作淀粉，应用广泛。

十、南瓜

京西一带，有则谜语流传至今："老大长得高，老二猫着腰，老三可地滚，老四长着一撮毛。"这四个谜底分别是高粱、谷子、南瓜和玉米。

南瓜是美食，尤其是和小米、䉽子、瓜豆之类的辅助材料混合熬粥。南瓜子，含锌丰富，可以预防和改善前列腺病症，南瓜子炒后拌菜、包饺子、蒸包子，既可以增加脂肪，也加入了香味。南瓜花、南瓜苗、南瓜尖目前市场都有售卖，风味独特，营养丰富，做汤、粥或凉拌均可。

十一、莜麦

灵山脚下的江水河村历来以畜牧业为主，而种植业则是莜麦、土豆、洋白菜。来到灵山，不论是饭店、宾馆还是家庭旅店、民宿，莜面这一名优特产风味小吃家家必备。有诗赞曰："塞外风味临京城，羊肉莜面手艺精。营养丰富价合理，老少皆宜受欢迎。"

十二、压饸饹和糇糕米

压饸饹和糇糕米是斋堂地区具有特色的两种民间主食，皆属于粗粮细做。斋堂地区的饸饹不仅可以用荞麦面制作，当地玉米面压饸饹更是一绝，在玉米面中加入榆皮面或洋榆面后，黏性加倍，并且榆皮面所含纤维素是大米、白面的十倍，膳食纤维是人体健康所需成分，可以预防结肠癌、便秘等。

糇糕米是一种类似于腊八粥的主食。用料是大黄米，配上芸豆、红枣、核桃仁、大杏扁、花生仁等，文火长时间焖制而成，食用时可根据不同口味，适当加糖。糇糕米因时间很长焖出来，所以叫糇出来的，利于生津养颜、补血补肾，使人浑身有劲，当地人说"吃糇糕米如吃荤，吃一顿三天有劲"。

十三、豆腐宴

京西山坡梯田土层薄，多种杂粮，为了充分利用土地，往往采取高矮间作，种上几垄黄豆，黄豆除了做酱、酱焖豆之外，主要用于做豆腐。豆腐营养丰富，蛋白质达 45% 以上，富含 20 多种氨基酸，并含有丰富的脂肪、碳水化

合物、钙、磷、铁等，可以降低胆固醇、防止血管硬化。京西的卤水豆腐食法很多，凉拌食法就有 20 多种，豆腐汤有 50 多种，百吃不厌。

十四、斋堂板栗

说起板栗，人们立马能想到“良乡板栗”，而京西斋堂，早在元代就有栗园。元代学者熊梦祥在京西斋堂村写了《析津志》，他跑遍了斋堂川的山山水水，对斋堂地区的记述特别详细，其中，在果之品中有如下记载：“栗，西山栗园、斋堂栗园、寺院栗园、道家栗园、庆寿寺栗园……”

栗子既可生食也可熟食，即可入药，也可当饭；既可配菜，又可做糕点。以糖拌杂石爆炒，清人称“灌香糖”，就是著名小吃“糖炒栗子”；以栗烹调的栗子鸡，鲜美甜嫩，深受尊崇。

十五、灵水核桃

京西核桃中的灵水核桃最为出名，在清朝是朝廷贡品，灵水村、碣石村是重要产区，两村历史悠久，均入选“中国传统村落”。门头沟是我国重要的核桃出口基地之一，灵水核桃个大、皮薄、仁饱满、含油量高，近年已经建成了千亩核桃基地。门头沟独特的自然条件，孕育了灵水核桃等名特果品，核桃产量为首都各郊区县之首，曾占到我国北方港出口总量的四分之一。

京西核桃还是以灵水核桃为名，外皮光滑、沟浅、香味浓、皮薄绵软易剥、产仁率高。门头沟区的清水镇和斋堂镇核桃种植分布广、核桃产量大，是门头沟重要的经济树种之一。门头沟区栽培核桃树的历史悠久，据记载，距今已经有 1200 多年的历史。清水镇燕家台村，有一株核桃树，已有 300 多年的树龄，被人们誉为“核桃树王”。在科研部门帮助下培育的“东岭六号”核桃，皮薄、果仁外露，被评为全国核桃第一优系。纸皮核桃，顾名思义，就是核桃壳薄如纸，用手就可以捏碎。纸皮核桃树采用嫁接苗栽种，2~3 年就可结果，4~5 年便进入丰产期，亩产量可以达到 300~400 公斤。该品种具有成熟期早、含油量高、口感佳等特点，经济价值比传统核桃高出 2~3 倍。

核桃营养丰富，不仅可以食用、榨油，还可入药。京西核桃的出油率在 45%~65%，每百克核桃仁含蛋白质 15.4g、脂肪 63g、碳水化合物 10.7g。核桃仁榨油后，剩渣可以做核桃酱；干炒或油炸核桃仁是当地特色小吃。

十六、白虎头枣

斋堂镇白虎头村的金丝红枣香、甜、脆，闻名遐迩，该村的百亩红枣基地成了斋堂川秋季采摘又一新的观光园区。斋堂川一道名菜"干菜席"，其实就是白面加枣，或蒸、或炸制成的。

枣的药用价值更高，中医认为大枣性平味甘、无毒，能补中益气、养胃健脾、养血壮神、解毒药、调和百药。现代医学研究表明，大枣除了富含蛋白质、糖类、有机酸和维生素之外，还有抗过敏、改善心功能以及增加血清总蛋白等作用。

十七、上苇甸红果

红果又名山里红，京西俗称红果。红果的药用功能在于消食化积，健胃活血，备受中老年人青睐。红果的主要用途是制作冰糖葫芦，这是北京的风味小吃，这种小吃入口脆若凌雪、甜美清香。

十八、陇驾庄大盖柿

妙峰山镇陇驾庄村盛产的大盖柿（亦称磨盘柿）是京郊名优特产品之一，因其是柿中上品而被收录于《京郊名特产》一书中。

陇驾庄的大盖柿果肉呈淡黄色，味甜多汁、无核、少纤维、含糖量在16%以上，高于普通柿子，蛋白质和钙的含量高于梨、桃，磷含量高于苹果和梨。大盖柿最宜鲜食，亦可加工成柿饼、柿干、柿糕、柿酒、柿醋、柿糖等。

十九、黄岭西花椒

斋堂镇的黄岭西花椒远近闻名。一上该村西台畔，就能闻到花椒香，素有"黄岭西的花椒，香飘十里"之说。

黄岭西的土壤和气候适于花椒生长。花椒用途很广，其叶以面糊黏之，用油炸，称"炸花椒芽"，可与"炸香椿鱼"媲美，秋季腌酸菜，放入适量青花椒，既不生虫，又能调味。

二十、火村红杏

火村红杏，京西名优产品。火村红杏主要分布在门头沟区斋堂镇火村、杨家村、杨家峪等地。相传清代康熙年间，灵水村举人刘懋恒在山西临汾当知府时，有一年夏巡民情，发现一个村里的红杏特别好吃，第二年春天遂责成衙役到该村中取好的树码子，将其插在大鸭梨中，快马送到家乡，分发给当地村落，实施嫁接。后灵水村未能将种植红杏延续下来，东岭、火村、杨家峪等村，尤其是火村，因水土条件适宜种植红杏，扬名京西。

火村南台有千亩杏园，红杏肉厚、核小、色艳、个大，杏仁是甜味，是肉、仁兼用的佳品。

二十一、京西黄金茶

京西黄金茶的开发和引用，与百花山直接有关，京西山茶早已为人饮用。早在1000多年前的唐末便开始了山茶制作、出售和饮用，山茶的种类很多，有枣芽、山里红、山杏干、黄芩等20多种。随着旅游业的发展，昔日的山茶，已成为游客青睐的山珍。黄芩茶茶色金黄，不仅具有南茶的主要作用，而且还有泻火、清瘟热之功效，可治瘟病发热、肺热咳嗽等症，并有抗菌、解热、降压等作用，极其珍贵，故曰"黄金茶"。

二十二、龙泉雾传统杏

龙泉雾传统杏中香白杏和骆驼黄杏最为著名。龙泉雾香白杏最早种植于明朝，距今近800年的历史，清代曾是朝廷贡品。龙泉雾骆驼黄杏最早也起源于明代。

龙泉雾地区土质为黄土，土壤中伴有大量的烧窑灰渣，成分独特，偏碱性，为香白杏的生长提供了独特的土壤环境。龙泉雾村村北有段山叫"瓦蜜"，这里出产的香白杏品质最佳。香白杏果实扁圆形，淡绿黄色，皮薄肉厚，汁多味甜，纤维少，核肉分离。香白杏富含维生素 C 和多种氨基酸，人体极易消化吸收。

第八节　房山区的特色原材料和食品

房山区地处北京西南，辖区总面积 2019 平方公里，平原、丘陵、山区各占三分之一，下辖 28 个乡镇（街道）、459 个行政村、210 个社区居委会。

房山历史悠久，素来有"人之源""城之源"和"都之源"的美誉，举世闻名的周口店"北京人"遗址是人类文明的发祥地；3000 多年历史的琉璃河、西周燕都遗址被史学界视为北京古代城市发展的起点；860 多年前的金代皇陵，印证了北京建都的沧桑。房山生态环境优越，境内有中国房山世界地质公园、华北地区最古老的原始次生林上方山国家森林公园、北方规模最大的石花洞、银狐洞等岩溶洞群。

房山着力构建"两山四水、三区三轴、三团多点"的空间布局，建成生态优美、绿色发展、功能完备、治理有序的生态宜居示范区，打造创新驱动、文旅融合、产业现代的科技金融创新城。

一、房山磨盘柿

张坊镇磨盘柿早在明朝朱元璋时期就有栽培，已有 600 多年的历史。据说明朝万历年间编修的《房山县志》中曾有张坊磨盘柿的记载："柿，为本境出产之大宗，西北河套沟，西南张坊沟，无村不有，售出北京者，房山最居多数。"磨盘柿曾是宫廷贡品。房山磨盘柿果形端正，果实个头特别大，形状就像以前的磨盘，故名为磨盘柿；也有说是因为磨盘柿果腰处的缢痕明显，这条缢痕将果实分成上、下部分，因形似磨盘而得名。它的产区主要是在房山境内，是国家地理标志保护产品。磨盘柿果面光洁，颜色橙黄至橙红，果肉乳黄色，脱涩后的硬柿脆甜爽口、肉质细腻、汁液中等、无核，脱色后的软柿子，皮薄、汁液多、肉质细腻、味甘甜、无核。

房山张坊镇是北京市唯一的磨盘柿专业镇，是我国磨盘柿龙头乡镇，以种植面积最大、产量最高、品质最佳著称，是"中国磨盘柿之乡"。张坊磨盘柿

被中国果品流通协会评为中华名果，先后注册了"京峪""御贡""张坊"等商标。2006年，张坊镇被国家标准化管理委员会批准为全国农业标准化示范区。2007年，张坊镇磨盘柿又取得了无公害有机食品认证，获批为国家地理标志保护产品。

唐朝的《酉阳杂俎》说："柿子有七绝，一多寿，二多荫，三无鸟巢，四无虫害，五霜叶可玩，六佳实可啖，七落叶肥大可临书。"也就是说柿子不光果实可以吃，它的叶子也可以用。

柿子有很多品种，大多生涩，需要进行脱涩后使用，但有一些品种可以直接食用。柿子富含膳食纤维，可以预防便秘；柿子中的多酚类物质能起到降压止血、抗菌消炎的作用。柿子还含有转化糖、蔗糖、苹果酸、甘露醇等物质，可以止血润肠。冬天还有一种柿子的产品，叫柿饼。柿饼表面有一层白霜，这层白霜是柿子里的果糖和葡萄糖，可以辅助治疗口疮。

二、核桃宴

房山的气候条件得天独厚，物产也非常丰富，尤其是十渡山里的核桃树很大，叶子很厚，枝叶茂盛，结出来的果实壳薄、味干、果肉细腻。被评为中国美丽休闲乡村的霞云岭乡堂上村利用闲置耕地进行核桃种植，打造"千亩精品核桃园"，供游客采摘娱乐及村民制作核桃制品；长沟镇北甘池村（胜龙泉薄皮核桃）荣获全国一村一品示范村称号。

三、京西贡米

房山位于北京市西南部，地处太行山与华北平原过渡地带，房山京西贡米保护区位于房山区南部山区至平原过渡带的冲洪积平原和西南部的低山河谷地带，区内地质条件稳定，无频发地质灾害，其地形地貌适合种植水稻。

西周时，燕国建都于房山，开始有水稻种植。辽、金时期是房山大面积种植水稻的开端。元、明时期京西水稻种植得到官府支持，到明、清时期，房山稻米开始具备显著品种和地域特色。明代时，房山县石窝一带有百亩连片的稻田。《燕山丛录》记载："房山县有石窝稻，色白粒粗，味极香美，以为饭，虽盛暑，经数宿不馊。"石窝稻即产于大石窝镇高庄、石窝村一带的玉塘稻，以地名命名"石窝稻"。明成祖朱棣迁都北京后，玉塘稻即成贡品。清雍正四年（1726）于京师设营田府，以永定河水淤土肥田，大量种植水稻，即清初朝廷建的"御米皇庄"，并派专人监督玉塘稻米的生产，所以玉塘稻也称"御塘稻"。

作为清皇帝祭祀祖陵途中的休憩之处，房山是京西水稻种植的另一重要区域，皇帝曾在行宫休憩之时观赏房山稻田景色，留下诗词数篇并御笔留迹。当地出产的"御塘稻"有"七蒸七晒，色泽如初"之说，被康熙皇帝钦定为"贡米"。清朝还在此地建有"御米皇庄"，并派专人监管"御塘稻"的生产。海淀的京西稻文化与房山的京西贡米文化一起构成了北京京西稻作文化系统，并于2014年被农业部列入第三批中国重要农业文化遗产。

四、良乡板栗

良乡板栗主要产于房山西部、西北部山区，其中以傅子庄乡的北窖，南窖乡的中窖、水峪、北安邓村最多。据《房山县志》记载："五方皆有栗，惟渔阳范阳栗甜美味长，苏秦言燕民虽不耕作而足于枣栗。唐时范阳以为土贡，房山旧属范阳，为产栗之区，今山后诸村多产之。"

良乡是房山主要的板栗集散地，人们习惯将房山板栗称为良乡板栗。良乡板栗在唐代就是朝廷贡品，历史悠久，品质优良。良乡板栗个小，壳薄易剥，果肉细腻，含糖量高，板栗中富含淀粉、不饱和脂肪酸和维生素、矿物质等，能供给人体热量，具有益气健脾、厚补胃肠的功效；板栗中的维生素C能够预防和辅助治疗骨质疏松、腰腿酸软等症状。糖炒栗子是京郊知名小吃。

五、房山山楂

房山山楂主要产区在房山区大石窝镇，山楂生产历史悠久，并以红果生产闻名，被誉为"红果之乡"，区域内红果栽培起源于南尚乐村，见于汉代，至今仍有许多老山楂树。

红果是山楂的一个品种，具有丰富的营养，可以助消化，常食用可预防心脑血管疾病、降血压，是药食同源的原料。以红果为原料制成的冰糖葫芦是北京特色小吃，每年山楂丰收的季节，北京的大街小巷都有冰糖葫芦的叫卖声。

六、大红袍花椒

大红袍花椒主要分布于十渡、张坊、长操、班各庄等乡镇，为京郊名特产，也是房山传统名产。中国花椒利用历史悠久，古代将花椒与酒配制，制作椒酒；《齐民要术》多次提到用于调味；《本草纲目》明确指出"其味辛而麻"的特点。

大红袍花椒又名香椒、青花椒、红花椒等，是花椒上品，粒大皮薄，色艳味重。花椒富含挥发性化合物，可以去除肉类的腥味；促进唾液分泌，增加食欲；可以使血管扩张，起到降低血压的作用；服用花椒水能去除寄生虫，有温中散寒、除湿止痛、止痒等功效。

七、道口烧鸡

道口烧鸡传统制作技艺为房山区级非物质文化遗产项目。北京"仁盛聚"道口烧鸡传统制作技艺源于河南滑县道口镇，该镇是冀、鲁、豫三省交界的重要军事、交通要冲。北京"仁盛聚"道口烧鸡承传了滑县道口烧鸡的元宝造型，油炸卤煮后外皮金黄，故称元宝鸡，契合了中国传统文化的寓意。

"义兴张"道口烧鸡有 350 年的历史，《滑县志》中记载始于清顺治十八年（1661 年）。清乾隆五十二年（1787 年），张家后人张炳得到清宫御厨刘义"八料加老汤"的技艺传承，改名号为"义兴张"，自此"义"为祖训。嘉庆皇帝南巡经过水路道口，闻异香而醒神，食后赞为"天下鲜"，道口烧鸡此后声名远扬。自 1983 年起，全国十几个省市先后派人学习道口烧鸡制作技艺，之后在北京东城区和平里和房山良乡设立"义兴张"道口烧鸡店。

"仁盛聚"道口烧鸡制作技艺恪守 300 年"想烧鸡香，八料加老汤"的古训，销售注重包装和卫生，清末时送货上门或送往船上用食盒，礼品用蒲包包裹，每包 4~8 只，外罩红纸，也采用"两撕五撇"销售方式。张炳以后四代，探索出一套从选鸡、宰杀、煺毛到炸制、煮鸡、造型、着色各个工序的工艺标准，一丝不苟，代代遵守。2012 年，道口烧鸡北京仁盛聚在房山区投资 3000多万元兴建了北京第二工厂。

八、皇城四酱

"皇城四酱"制作技艺为房山区级非物质文化遗产。老北京炸酱历史悠久，追源溯流，春秋时期时有大酱，皇太极时有酱坯（干酱）。皇太极举兵南下，欲问鼎中原。满族士兵长驱入关，身为主帅的皇太极深知保障大军饮食的重要性，军中缺盐更是大忌。为此，皇太极一再下令，各级将领务必在行军途中，向民间广为征集豆酱，晒成酱坯，随军携带，始有批量化酱坯出现。清兵进入北京城后，军中食酱的习俗被沿袭了下来，食酱文化被带入皇宫。为改善食味，御膳房厨师开始用油炸食大酱，使酱味更鲜美。后再炸酱时添加不同原料，按季节不同，春天炸黄瓜酱，夏天炸豌豆酱，秋天炸胡萝卜酱，冬天炸榛子酱，被称为"皇城四酱"。

"皇城四酱"流入民间，老百姓纷纷效仿自制。关三爷是清宫御膳房尚膳太监，负责皇帝的酱菜、小菜等，白永辉给关三爷当仆人，学得宫廷炸酱技艺和小咸菜制法。民国时期，白永辉在家门口摆摊，经常制作各种炸酱售卖。白永辉去世后，其儿子白学章传承父亲技艺，经常在家里制作炸酱，并将技艺逐一传授给他的儿子白常继，老北京炸酱流传至今。为传承弘扬老北京炸酱技艺，白常继亲传徒弟张莉华开发研制老北京炸酱系列产品，使老北京炸酱批量化生产。"皇城四酱"系列产品突出"炸"字，制作工艺考究，酱体色泽红润油亮，黏而不燥、稀而不懈、油而不腻，酱味醇香，咸淡适宜，适宜多种方式食用，老少皆宜，为社会各界所喜爱。

九、老北京烧饼

老北京烧饼制作技艺为房山区级非物质文化遗产。老北京人讲究吃烧饼，老北京多层麻酱烧饼历史悠久。追源溯流，东汉始有烧饼，孟元老的《东京梦华录》记载"胡饼店即卖门油、菊花、宽焦、侧厚、油锅、髓饼、新样、满麻，每案用三五人擀剂卓花入炉，自五更卓案之声，远近相闻"。烧饼在古代又叫煎饼、麻饼、胡饼，据汉朝刘歧《三辅决录》载"赵岐避难于市中贩胡饼"，说明从东汉就有了烧饼。到了宋朝，烧饼种类逐渐增多，烧饼花样层出不穷。后来烧饼传入清宫。清廷御厨赵永寿潜心研究烧饼的制作技艺，研制出

了独特的多层麻酱烧饼制作工艺。普通烧饼 15 层左右，赵永寿的麻酱烧饼达到 21 层，且冷后加热和刚刚出炉的烧饼没有差别。

清朝灭亡，"民国"建立。赵永寿流落民间开烧饼作坊，专营老北京多层麻酱烧饼。1925 年，赵仁斋与赵永寿等原御膳房厨师合伙在北海公园开设仿膳，经营清宫糕点、小吃及风味菜肴。1955 年，仿膳改为国营，1956 年，更名为仿膳饭庄。田德忠在仿膳饭庄拜赵永寿为师，学得老北京多层麻酱烧饼技艺，成为老北京多层麻酱烧饼第二代传人。后田德忠调到隆福寺小吃店做厨师，王福玉拜田德忠为师，成为第三代传人，冯怀申拜王福玉为师，成为第四代传承人，老北京多层麻酱烧饼得以流传至今。冯怀申传承祖训，恪守工艺要求，弘扬了老北京多层麻酱烧饼文化。

十、苏造肉

苏造肉制作技艺为房山区级非物质文化遗产项目，为清乾隆年间宫廷苏造菜中最具代表性的一道菜。相传此菜来自乾隆年间的苏州名厨张东官。苏造肉是张东官受苏州酱肉启发，自主研发的一款菜品。张东官随侍乾隆 19 年后告老还乡，乾隆朝以后"苏造菜"在宫中衰落了。清朝末年，民间出现一位制售"苏造肉"的高手孙振彪，他是满族人，原名克兴阿，清光绪十一年（1885年）生人，其祖父与叔父皆在御膳房承差，"苏造肉"制作秘方得自家传。孙振彪于 1902—1924 年一直在东华门外十字路口西侧甬路边上售卖"苏造肉"。1961 年，孙振彪先生去世，将古方传给儿孙。孙振彪的儿媳李增霞及其后人并不精通苏造肉制作工艺，李增霞之子孙静忠的好友侯盛勇是热爱老北京传统美食的"老侯烧饼"连锁店的法人。2015 年，经李增霞同意，孙静忠将《苏造肉制作秘方》无偿捐赠给了侯盛勇。侯先生请来国家级烹饪大师、随园官府菜非遗传承人白常继，国家级面点大师、宫廷御膳传承人冯怀申，根据秘方中所记载的方法和用料精心研制出了"苏造肉"。秘方记载"苏造肉"标志性特征："精选上等五花猪肉，先酱后卤制作而成。肉片宽长，色泽鲜嫩，肥而不腻，瘦而不柴，到口酥烂，卤汁浓稠，汤漂浮油，回口微甜。"重新恢复的"苏造肉"，无论口感和色泽、品质和味道，皆与前述一般无二。现如今，苏造肉不再神秘，大家在品尝这道宫廷美食的同时，也在品味精致讲究的宫廷饮食文化、品味历史、品味生活和艺术。

十一、秦德泰油酥烧饼

秦德泰油酥烧饼制作技艺为房山区级非物质文化遗产，是房山地区有特色的传统食品，发展至今已有百余年的历史，长期以来，深受广大人民群众的欢迎和青睐，这种小吃能够长盛不衰，其原因在于一直遵循祖传原有的传统手工制作技艺。

秦记祖辈原籍山东，从事烧饼生意，其二代传人秦德泰于清末民初为避战乱，从山东移民到房山落户（现城关洪寺西北关），就地创业开店。制作油酥烧饼的主要传统器具为用耐火砂缸和铁皮做成夹层，中间填入灶灰的抱缸炉。油酥烧饼主要工序为：和面、炒酥、做坯、研剂儿、黏香、上炉、烘烤、闷炉、出缸。

"秦德泰油酥烧饼"加工工艺独特、选料精良，绝不添加防腐剂。烧饼制作采用灶灰作夹层的抱缸炉，原料选用精制小麦粉及植物油，双手巧劲轻揉面坯，黏上芝麻，再往缸炉上贴，烤至金黄色取出，烤制出的烧饼焦黄蓬松，口感鲜咸绵酥、油而不腻，老少皆宜，可自然保质一个月。

秦德泰油酥烧饼是房山地区特色传统小吃，在地区具有一定的影响，它承载着房山独特的饮食文化和民俗文化，更是齐鲁地区饮食与北京饮食文化的交融，深受房山人的喜爱。

十二、尹氏粉条

粉条是中国流传数千年的传统美食，在我国至少已有 1400 年历史，"尹氏粉条"传统制作技艺流传于河北省涿州和房山地区。该项技艺目前的传人尹志刚，其祖尹文（1837—1898 年）善于制作粉条。民间绝大多数粉坊都是添加明矾制作粉条的，而尹文则研制出了一套无明矾粉条的制作方法，后传于家族子孙，到了第六代尹金宝（1948 年至今）始终以粉条制作加工为生，尹志刚为第七代传人。

2009 年后，尹志刚在保留"尹氏粉条"核心理念和传统技艺的基础上研制出可以批量生产的机器设备，通过调制淀粉糊、高温蒸熟、静置冷却、手工

刀切制成湿粉、晾晒成型为干粉等工序，制作出完全不添加明矾的粉条制品。这种粉条低碳环保、绿色健康，整个工艺流程需要 10 道工序，严谨而复杂，增加了机器化生产环节，提高了生产量，既更大限度地满足了老百姓的生活需求，也更好地传承和保护了传统技艺。"尹氏粉条"传统制作技艺具有很高的文化价值、历史价值、经济价值和工艺价值。

十三、菊花白

菊花白酒酿制技艺是国家级非物质文化遗产项目。菊花白即明、清宫廷之菊花酒。按中国古代风俗，重阳节要赏菊花、饮菊花酒。寻常百姓多以菊花浸泡酒中，存放一定时日，重阳节取出饮用。民间风俗传入帝王人家，菊花酒清冽芬芳，滋阴养阳的功效更为帝王将相所推崇，经过历代能工巧匠的精心研制，在民间菊花酒基础上，发展出宫廷御用"菊花白"酒。到了清中晚期，为减少开支，为皇宫提供的生活用品部分转让给民间承办，仁和店即是 1862 年由三位出宫的太监创办的，至今已传承 160 年。

菊花白酒酿制技艺细致、独特。秘方配伍原理：以菊花为主，养肝明目、疏风清热。辅以人参等补气健脾；辅以枸杞等滋补肝肾；以沉香之沉降后，诸药补益之力归于下元。菊花白酒酿制周期漫长，从原材料加工开始到灌装入库为止，要经历几十道加工工艺，约 8 个月的时间。主要工序分为：预处理工序、蒸馏工序、勾兑工序、陈贮工序。工序中关键点完全由经验丰富的传承人来掌控。

菊花白酒酿制技艺对于研究宫廷文化具有重要价值，同时，对传承和弘扬民族传统文化起到积极的推动作用。菊花白酒的酿制一直秉承着货真价实的经营理念，倡导人们健康饮酒。其配方科学、严谨，酿制技艺对于传统的中医药养生研究来说具有很高的科学价值，是养生酒的代表性产品。

第九节 大兴区的特色原材料和食品

大兴区位于北京市南部，总面积 1036.33 平方公里。大兴区东临通州区，南临河北省固安县、霸州市等，西与房山区隔永定河为邻，北接丰台区、朝阳区。大兴区先秦时期为春秋战国时期燕国所建的古蓟县，后改名为伐戎县、蓟北县、析津县，直至金代更名为大兴县，1928 年 6 月起大兴县划归河北省。中华人民共和国成立后，大兴县先隶属通县专区，于 1958 年 3 月划归北京市并将原属北京市南苑区的旧宫、亦庄、瀛海、西红门等地划归大兴改为区建制。1960 年 1 月，恢复县建制。2001 年 1 月 9 日，国务院（国函〔2001〕4 号）批准撤销大兴县，设立大兴区，以原大兴县的行政区域为大兴区的行政区域，区人民政府驻黄村镇兴政街。截至 2018 年年底，大兴区下辖 14 个镇 8 个街道办事处。

一、大兴西瓜

大兴地处北京的东南部，永定河的东侧，大兴的北臧村乡天宫院村以南，以庞各庄为代表的十个乡西瓜分布的面积相对来说比较集中，是大兴西瓜的主要产地。大兴西瓜是国家地理标志保护产品。

《北京通史》第 3 卷记载："辽圣宗太平五年（1025 年），驻跸南京，幸内果园宴，京民聚观。""内果园种植较多的有枣、栗、桃、杏、西瓜等。"这说明大兴在辽太平年间就已经开始栽培西瓜了，但当时仅是皇家果园中的珍品。大兴区属于温带半干旱大陆性季风气候，少雨，是北京地区太阳光辐射量最多的地区之一，适宜种植西瓜。这里的西瓜含糖量高，中心含糖量 11%~12%，质地酥脆多汁。

一般西瓜含水量在 90% 以上，多的能达到 95%。西瓜里的水分、糖、钠元素都可以起到清热解暑的功效。西瓜还含有氨基酸、维生素，可以起到美容的作用。西瓜里还富含钾元素，可以降血压、缓解疲劳。

二、庞各庄金把黄鸭梨

庞各庄镇鸭梨栽培历史悠久,《宛署杂记》曾记载明朝万历二十一年（1593 年）,金把黄鸭梨就作为贡品进献皇宫,被明朝万历皇帝御封为"金把黄",由此还引出了"北村萝卜葱心绿,南庄鸭梨金把黄"的故事。庞各庄的金把黄鸭梨主要分布在庞各庄镇西南永定河东沿线,庞各庄镇前曹各庄村、北曹各庄村、梨花村,还有韩家铺村、赵村,这几个村子是金把黄鸭梨的主要产地,是国家地理标志保护产品。金把黄鸭梨以梨花村为核心区,现有百年以上古梨树 4 万多株,是华北地区面积最大、树龄最老、品种最多、开花最早的古生态梨树群。

金把黄鸭梨果面光滑、有蜡质、果点小,果皮绿黄色,贮存后变成金黄色,果心小,果肉白色,质地细腻,有润肺止咳、滋阴清热的功效。

三、安定桑葚

安定镇的桑葚有着非常悠久的历史,是农产品地理标志产品。早在明清时期,白色蜡皮桑葚就作为贡品出现在皇家的餐桌上,安定桑葚是国家地理标志保护产品。安定古桑园是目前华北最大、北京地区独有的千亩古桑园,其中最具代表性的是被御赐名为"御林古桑园"的片区。2004 年,安定镇被中国优质农产品开发服务协会认定为"中国桑葚之乡""果桑有机食品基地"。

桑葚供应季节相对比较短,稍纵即逝。桑葚营养丰富,暗紫色桑葚含有丰富的花青素,属于黄酮类化合物,可以抗衰老、抗氧化,并且桑葚含有纤维素,即膳食纤维,可以润肠通便;桑葚里的桑葚多糖,可以降血脂、降血压、抗衰老;桑葚里还含有一种物质——白藜芦醇,安定桑葚里白藜芦醇含量很高,它跟花青素一样可以抗癌、预防心脑血管疾病等;桑葚还含有生物碱,它的作用主要是降血糖,辅助降低人体内的血糖水平。

四、烧白酒

2021 年,大兴南路烧白酒酿制技艺入选北京市级非物质文化遗产。大兴南路烧起始于 1688 年传统酿造酒技艺,与现代微生物技术相结合,萃取甄选纯粮食之精华。

南路烧白酒的主要产地在大兴黄村、礼贤、采育三镇，其名称源于清北京顺天府南路同知。清康熙二十七年（1688年），在北京近郊分设东、西、南、北四路同知，分管顺天府二十四州县。南路厅驻大兴县黄村镇，设巡检司，俗称"南路飞虎厅"，管辖霸州和固安、永清、东安、文安、大城、保定六县。当时，黄村镇内的几家烧锅酿制的烧酒，其味辛而甘，醇香浓郁，尤以位于海子角的裕兴烧锅所酿烧酒为佳，运销京师，获利甚丰，声名大振，遂得名为"南路烧酒"。大兴"南路烧酒"酿制技艺，工艺复杂，在选料、制曲、发酵、蒸馏、贮存、勾兑等环节均有独到之处，逐步形成了独具京南特色的酿造技艺，具有重要的历史文化价值和技艺传承价值。

对于大兴来说，二锅头前面要再加上几个字，才显得更加亲切，那就是：隆兴号方庄二锅头。作为北京老字号的隆兴号方庄二锅头，主打的正是纯粮食、纯手工酿造的原浆酒。大兴地区的酿酒文化，有据可考的历史可以追溯到800多年前的金代，当时大型地区酿酒业已十分发达，境内的广阳镇（今庞各庄一带）设有专职管理商酒的官员。清朝时，大兴地区酿酒烧锅遍布各个集镇，老字号烧锅有：庞各庄镇的隆兴号；采育镇的同溢泉、同泉茂、源盛茂、万泉生、纯益泉、益源湧。

桂村的方庄二锅头酒厂，隐藏着一家南路烧酒博物馆，这是大兴唯一一家酒文化博物馆。在这里，游客可以和拥有百年历史的老字号隆兴号烧酒邂逅。

第十节　通州区的特色原材料和食品

通州区位于北京市东南部，京杭大运河北端。历史悠久，早在新石器时期，境域内就有人类活动。西汉初始建路县，先后改称通路亭、潞县、通州、通县。1948年，分置通县、通州市，1958年，称为通州区，1960年，复称通县，1997年撤销通县，设立通州区。全区面积906平方公里，西临朝阳区、大兴区，北与顺义区接壤，东隔潮白河与河北省三河市、大厂回族自治县、香

河县相连，南和天津市武清区、河北省廊坊市交界。

通州历为京东交通要道，漕运、仓储重地。万国朝拜，四方贡献，商贾行旅，水陆进京必经此地，促进了通州经济的繁荣和兴旺，享有"一京（北京）、二卫（天津）、三通州"之称。

2012年，在北京市第十一次党代会上，北京市委、市政府明确提出"聚焦通州战略，打造功能完备的城市副中心"，更加明确了通州作为城市副中心定位，这也是北京市围绕中国特色世界城市目标，推动首都科学发展的一个重大战略决策。

北京城市副中心（Beijing City Sub-center）的建设是为调整北京空间格局、治理大城市病、拓展发展新空间的需要，也是推动京津冀协同发展、探索人口经济密集地区优化开发模式的需要而提出的。规划范围为原通州新城规划建设区，总面积约155平方公里。外围控制区即通州全区约906平方公里，进而辐射带动廊坊北三县地区协同发展。

2020年10月29日，通州区召开建设国家服务业扩大开放综合示范区和中国（北京）自由贸易试验区动员部署大会，全面启动"两区"建设。作为北京服务业扩大开放综合试点中唯一的先导区以及北京自由贸易试验区国际商务服务片区的重要组成部分，城市副中心将在服务业扩大开放和自贸试验区国际商务服务片区建设中充分发挥先导示范作用，进一步推动由过去试点式、局部的制度创新向系统化、整体性制度创新转变，为全市乃至全国形成更多可复制、可推广经验。2019年1月4日，《北京城市副中心控制性详细规划（街区层面）（2016—2035年）》（以下简称《规划》）正式发布。在《规划》中，城市副中心的战略定位用三个示范区生动概括：将打造国际一流的和谐宜居之都示范区、新型城镇化示范区和京津冀区域协同发展示范区。

通州区地处永定河、潮白河冲积平原，地势平坦，气候属于温暖带大陆性半湿润季风气候区，适宜农作物种植。

一、大樱桃

通州大樱桃分布于通州区，始于1976年前后。通州的大樱桃植根于永定河、潮白河冲积的平原上，浇灌的是千年以来的运河水，水资源丰富，土壤肥厚，光照充足，适宜水果种植。通州区的沙古堆位于西集镇最西部，是通州大樱桃的主产区，被誉为"京郊大樱桃，品质第一村"，2011 年，沙古堆樱桃被农业部授予农产品地理标志产品。

二、张家湾葡萄

张家湾自元朝就开始种植葡萄，至今已有七八百年的种植历史，素有"北京吐鲁番""京郊葡萄之乡"的美誉。张家湾葡萄以种植面积大、品种多、品质好著称。张家湾葡萄果形漂亮、果粒圆润、色泽鲜亮、口味甘甜，是国家地理标志保护产品，其中粉红亚都蜜、维多利亚、里扎马特三个品种被评为"中华名果"。张家湾镇充分挖掘漕运文化，与农业文化结合，会集了世界各国名优葡萄品种，建成了集观光、采摘、休闲、科普为一体的现代都市型葡萄主题观光园——北京葡萄大观园，成为京郊著名果品生产、研发、深加工基地。

三、大顺斋糖火烧

说到北京点心小吃，有顺口溜说："百年义利威化饼，稻香村里江米条，吃糖火烧去哪里，通州街上大顺斋。"通州大顺斋糖火烧已有几百年的历史了。大顺斋火烧誉满京城，有首歌这么唱的"香，实在的香，香满口，香满屋，香你个跟头站不住脚；酥，实在的酥，酥软软，不用嚼，酥得你骨头都要化了；甜，实在的甜，甜透了心，甜醉了人，甜得你今天忘了明朝"。歌词未免夸张，但也唱出了大顺斋糖火烧的特点，那就是香、酥、甜。

明崇祯十年（1637 年），有一个名叫刘大顺的南京回民小贩，带着全家来到北京，在通州居住下来，并以售卖自己擅长的糖火烧为生。每天他的妻子和儿子在家做糖火烧，他则挑着担子到处售卖糖火烧，因为糖火烧不同于北京的其他美食，口感也很独特，慢慢地，他的糖火烧就受到百姓的喜爱。善于经商的刘大顺发现，只沿街叫卖没法把买卖做大，于是他就筹集资金在闹市区旁的回民胡同买了一个店面，在通州街上开了糖火烧店铺，并命名"大顺斋"。京城书法家吴春鸿特别喜欢吃大顺斋的糖火烧，亲自为大顺斋题"大顺斋糖果铺"的字号牌匾。时至今日，这块牌匾还完好地挂在大顺斋的门楣上。

大顺斋除了售卖糖火烧之外，柜台还摆放多种美食：绿豆糕、酥排叉、蜜

三刀、咯吱盒、自来红、自来白等。大顺斋的糖火烧按斤售卖，平均一个2元左右。大顺斋糖火烧选料严格：面粉、香油、红糖、桂花、芝麻都是新鲜专用的。因为精选原料而且制作技艺精湛，所以大顺斋糖火烧味道既香又酥且甜。一口咬下去，面皮很薄，酥酥的一层又一层，馅料也很关键，酥酥的外皮裹着松软的馅料，芝麻香、桂花香、红糖香就在齿间流转，口腔里充盈着香喷喷、甜滋滋的味道，让人流连忘返。

大顺斋糖火烧保质期很长，一直是回民的美味珍品。相传回民阿訇沿丝绸之路去伊斯兰圣地朝觐时，因为路途遥远，所带干粮都容易发霉腐败，只有糖火烧质量如初，没有变质，依然美味。所以后来大顺斋糖火烧也成了回民朝觐的必备美食。

四、小楼烧鲇鱼

曾有民谣："通州三宝：大顺斋糖火烧、小楼烧鲇鱼、万通酱豆腐。"在通州回民食客中，小楼饭店的菜品是最美味的，他们认为小楼的清真菜是全北京最正宗的。

小楼饭店始建于1900年，之前的名字是义和轩，从一开始就备受食客喜爱，店里的菜品适合各个阶层的人消费，后来扩建饭店，盖了一栋楼，因为旁边是通州老字号庆安楼，比义和轩的楼要高得不少，所以人们就称之为义和轩小楼，久而久之，小楼饭店就取代了义和轩的名号，一直沿用到现在。

小楼烧鲇鱼用的鲇鱼是京杭大运河产的鲇鱼，鲇鱼土腥味大，小楼烧鲇鱼把鲇鱼去头尾留中段，切成2厘米宽的长方丁，用料酒、盐、胡椒、蛋清、葱、姜腌制5小时，上浆挂糊，用180℃油温一块一块炸制，三墩三炸（即油温高了，把油锅从火上撤下来，油温低了再上火加热炸制，连续三上三下），加入酱油、葱、姜等配料，炒制，出锅时再烹醋，不仅能去除鲇鱼的土腥味，还能提香。烧鲇鱼色泽金黄、外焦里嫩、味道鲜香，吃到嘴里，外皮焦脆爽滑，咬开外皮，露出洁白的鱼肉，鱼肉很细嫩，口味鲜香，鱼肉外的汁酸甜可口，十分美味。

五、万通酱豆腐

通州的第三宝就是万通酱豆腐，今称仙源腐乳，创建于 1918 年，由祖居通州的回族人马兆丰在当时通州最繁华的闸桥 77 号创办了万通酱园，至今已有 100 多年。从 20 世纪 20 年代开始就享誉京畿，畅销京东八县。通州腐乳在通州有非常高的认可度，凡走运河水路转到通州的官民商旅都会买点通州腐乳，然后就把通州腐乳带到了四面八方，时间一长，通州腐乳便声名远扬了。

万通酱豆腐之所以广受赞誉，根据通州文史专家杨家毅先生所著《中仓》一书中记载：最重要的一个原因就是制作精益求精，产品质量有保证。其原料来源十分严格。万通酱豆腐所用的豆腐来自浙江绍兴"惟和腐乳厂"，酱豆腐坯料分为太方、大方、门丁大小三种，万通采购的是太方块，原料为黄豆、蚕豆各半。酱豆腐坯料在绍兴装坛，装船运至杭州码头，然后经京杭大运河运往通州，路上要走一个多月。

万通酱豆腐要经过两次发酵。第一次发酵相当于臭豆腐的接菌过程，此过程就在运输途中完成，大大节约了制作时间。坯料从南到北，经过一个多月的水上颠簸，船由北纬 30° 的绍兴到北纬 40° 的通州，在南北气候的浸润下，接受了风雨的洗礼，凝聚了日月的精华，坯料已经南材北味了。

坯料到了通州进厂后，加入酱汤，进行第二次发酵。酱汤含有红曲米、黄酒、八角、茴香等 10 多种配料，按照不同比例配置，红曲米不仅适合发酵，还能赋予酱豆腐特有的红色。根据北京人的口味加入调料，封坛暴晒两个多月，再放进地窖一年，等佐料滋味都浸入了坯料，才制作完成，往往需要几个月至几年的时间。万通腐乳呈粉红色，偏软，鲜甜可口，香味里带着酒香，味道醇厚，传统的老工艺在当今时代还是富有生命力的。

2000 年，根据发展需要，通州酿造厂迁往通州区工业经济开发区。酿造厂改名为"北京仙源食品酿造有限公司"，占地 40 亩，生产酱油、黄酱、腐乳、粉丝等五大系列 80 多个品种。公司生产的黑醋远销海外，凭借着优质的产品和服务，"仙源黑醋"风靡日本，成为日本食醋中国生产加工基地；"仙源黄酱"为公司的拳头产品，是老北京炸酱面馆的首选用料，在东北市场有"天下第一酱"的美誉，2003 年起出口欧美和加拿大，口碑极佳；被誉为通州三

宝之一的"仙源腐乳"曾作为第 11 届亚运会指定产品，口感细腻，回味悠长；2005 年，"仙源粉丝"第一家通过中国粉丝行业 QS 认证。2011 年，国家商务部为保护"中华老字号"企业，对全国范围符合要求的品牌进行严格的重新认定。同年 5 月，仙源公司获得商务部统一颁发的铜牌和编号证书，8 月，中国中华老字号博览会上，"仙源"牌被授予"最受欢迎的中华老字号品牌奖"。同年 12 月，为了扩大产能，满足销售需求，仙源在张家口涿鹿县投资建立了一家以从事发酵性豆制品生产销售为主营业务的市级重点龙头企业——仙源（涿鹿）食品有限公司，注册资本 2000 万元，总占地面积 113.86 亩。

不管名字如何变迁，酱豆腐的味道还在，仙源腐乳最大的特点就是在传统的基础上，使用了"通风制曲"新工艺与"仙源腐乳"1 号汤料，缩短了腐乳生产周期。据老通州人说，仙源腐乳还是当年的味道，一模一样。100 多年过去了，不管名字、岁月如何变迁，那一口醇香的酱豆腐味依然浓郁。

吃腐乳对身体有好处，腐乳是由大豆做成的，大豆里含有大豆异黄酮、大豆多肽、低聚肽氨基酸、蛋白黑素等，这些物质都可以起到抗氧化的作用。同时，大豆里含有血管紧张素酶抑制剂、大豆多肽和 γ-氨基丁酸，这些物质都可以降低人体的血压。大豆还富含不饱和脂肪酸，可以降低人体的胆固醇，大豆多肽、碳水化合物、维生素、矿物质等可以防癌，抗突变。大豆里还有一种可以抑制乙酰胆碱酯酶活性的物质，乙酰胆碱酯酶活性降低后，可以改善阿尔兹海默症，即通常所说的老年痴呆。

六、通州饹馇饸

通州饹馇饸制作技艺 2021 年入选第五批北京市级非物质文化遗产。

老北京人正月里宴客，餐桌上都少不了一道菜——饹馇饸，以去皮的绿豆等为原料。它能当主食也能当冷盘小吃，口感酥脆，咬上一口满嘴生香。饹馇饸的起源与通州大运河颇有渊源。运河上的船工从山东带回的煎饼受了潮，就把煎饼卷了放到油锅里炸一下，没想到酥脆可口，就此流传开来，演变成一道小吃。据说饹馇这个名字的来历还与慈禧太后有关。当年，吃腻了满汉全席的慈禧总让御厨头疼，他们挖空心思研究新的菜式。一天，御厨根据民间方法，把绿豆面摊成薄饼，再切成小块下锅炸制后呈给慈禧。慈禧尝到这道菜时，感觉特别香脆，就问这菜的名字。太监答："回太后，这道菜还没名字，等太后赐名呢。"随后叫人撤下这菜。太后一看忙说："别，先搁这吧。"太监以为这是太后的赐名，就赶紧宣："太后赐名，饹馇！"从此饹馇因为谐音而得名，也成为历史上一段笑传。

通州刘老公庄饹馇饸制作技艺流传至今已有300年，是运河饮食文化不可缺少的组成部分。传统的饹馇饸用的主要是豆面，刘老公庄饹馇饸的原料全部选用东北的有机绿豆。饹馇饸的制作工序繁多：选豆、泡豆、磨浆、摊制、卷制、切卷、油炸……制作出来的饹馇饸有薄、香、酥、脆等特点。

饹馇饸流传至今，演变出了众多吃法，最为讲究的叫"金屋藏娇（焦）、一二三四五"。就是一张饹馇（金黄色薄饼）、两根小葱、三片肘花、四个饹馇饸，五指一并，放在耳边，听见响脆的一声"咯吱"，就可以入口了。听其声，品其味，个中美妙只有尝过的人才知道。

第十一节　海淀区的特色原材料和食品

海淀区位于北京市区西北部，东与西城区、朝阳区相邻，南与丰台区毗连，西与石景山、门头沟区交界，北与昌平区接壤，区域面积430.77平方公里。1952年9月，海淀区正式命名，1963年1月形成现辖区域。海淀的行政区划经过多次变动，到目前为止，下辖22个街道办事处、7个镇政府。

早在4000~5000年前，海淀辖域内已经有居民点。元朝初年，海淀镇附近是一片浅湖水淀，"海淀"因此得名。千百年来，勤劳的海淀人民在这片土地上创造了灿烂的文化，封建帝王和达官显贵在这里修建了行宫、宅府、园林以及坛庙，形成了香山、玉泉山、万寿山和静宜园、静明园、颐和园、畅春园、圆明园"三山五园"为代表的皇家园林和卧佛寺、大觉寺、碧云寺等风景名胜，可谓"集天下胜景于一地，汇古建绝艺于京华"。

一、京西稻米

海淀位于北京小平原西部，西为太行山余脉的北京西山，东为山前冲积平原，地势西高东低，属于暖温带半湿润山地丘陵及山麓平原地区，从西山往东是一马平川，人称"北京湾"。在这块平原中间，分布着诸多低洼区域，河水、西山洪水和天然降水及地下泉水等形成诸多湖泊、苇塘等。明代著名画家兼诗人文徵明在《天府广记》中称赞 500 年前的北京："春潮落日水拖蓝，天影楼台上下涵。十里青山行画里，双飞百鸟似江南。"由此可见，京西稻米产区的自然资源非常丰富，适宜种植水稻。

清朝，京西水稻得到多位皇帝的推广，进入皇家御稻田时期。康熙皇帝亲自育种，设置稻田厂管理当地稻田；雍正皇帝将当地稻田转归奉宸苑管理；乾隆皇帝兴建水利工程，带动稻田开发。由于皇帝的大力提倡和引进新技术、新品种，海淀的水稻种植发展迅速，品种以康熙的"御稻米"和乾隆的"紫金箍"为主，成为京西稻最重要的产区，同时，与皇家园林建设结合，使京西稻有了园艺化的种植特点。1992 年，农业部认定东北旺农场生产的"京西御膳米"为绿色食品，1993 年，京西稻在首届中国农业博览会上被评为银质奖；1995 年，京西稻在第二届中国农业博览会上被评为金奖；2009 年，"淀玉"牌京西稻米被中国绿色食品发展中心认定为绿色食品 A 级产品，2010 年，海淀区上庄西马坊村被农业部评为国家级京西稻农业标准化示范区。

京西稻米也叫京西贡米，主产区在海淀区的上庄镇西马坊、东马坊等地。京西稻是当年乾隆帝下江南的时候，携回紫金箍水稻良种，在京西试种，产的这些稻米，主要是供宫廷食用的。所以后来又称之为贡米。

京西稻现在是农产品地理标志产品，京西水稻种植技术是海淀区级非物质文化遗产。

二、玉巴达杏

海淀的玉巴达杏是海淀区的特产，它的特点就是个大，皮薄香醇，味美，曾经也是宫廷的贡品。玉巴达杏主要分布在海淀区苏家坨镇王坟村、西埠头村以及温泉镇白家疃村、温泉村等十几个行政村和农场。

玉巴达杏栽培历史悠久，据史料记载，清康熙年间便有种植，至今在海淀西山一带仍有许多野杏树。海淀气候属温带湿润季风气候，冬春季气温较平原高 1.5℃，最高时达 2℃，这种气候特点使玉巴达杏免受早春寒冷，光照充足、少雨，利于糖分积累，使杏颜色鲜艳、口味香甜。玉巴达杏果实个大，汁液饱满，香味浓郁，味酸甜，半离核，仁甜，品质优良。

海淀的玉巴达杏是国家地理标志保护产品。

三、宫廷面点泡泡糕

2021 年，宫廷面点泡泡糕制作技艺入选第五批北京市级非物质文化遗产。

宫廷面点泡泡糕源于清朝皇室，是宫廷御膳房的特色面点之一。入关前满族人日常的主食以面食和黏食为主，用黏米制作一些如凉糕、炸糕一类的糕点，或蒸或炸，易于存放且能抵御饥饿。另外，"糕"与"高"谐音，寓意着步步登高、吉祥富贵，因此糕点也是人们在重要场合和节日时的庆贺礼品之一。清兵入关后，据《御茶膳房》档案记载，清代皇室依然喜好黏食，每餐都会配有油糕一类的糕点。然而慈禧太后脾胃不适，不能食用黏食，但她又信奉有着吉祥、高升寓意的食品。因此，御厨用开水将白面烫黏，并用慈禧最爱的妙峰山玫瑰加入糖馅中，再凭借御厨精湛技艺，"太后泡泡糕"由此得名。同治、光绪年间，泡泡糕也成了宫廷内节庆日必备食品。

泡泡糕通常用黄米面作皮，用红糖、白糖或豆沙作馅，煎炸后外皮起泡、酥松呈圆形状，口感甜而软绵。

泡泡糕制作技艺的第一代传承人是当时慈禧太后寿膳厨师许德盛，1900年因八国联军入侵京师，许德盛跟随慈禧逃至西安，在经过侯马市时因患重病获慈禧特准留在当地静养。病情恢复后，许德盛经常光顾侯马车站的一家饭店，结识了饭店的屈志明，见屈志明为人忠厚，1948 年许德盛收其为徒，由此屈志明成为御膳制作的第二代传承人。因学徒时间长，屈志明掌握的御膳制作技艺也逐渐熟练。到了 20 世纪 60 年代，赶上知识青年到农村去，这其中就包括了第三代传承人黄静亚，1971 年黄静亚被分配到了屈志明所在的饭店，两年之后拜师学艺，经过多年历练，黄静亚晋升为饭店的主厨和经理。御膳制作的第四代传承人、博物馆馆长行红智，自年轻时期就开始随父亲学厨，20

世纪 80 年代，行红智在侯马市开酒店时就曾自学御膳制作技艺。在参与一些活动中，他经常到新田饭庄招待客人，借此机缘认识了时任饭店总经理的黄静亚。1989 年，他正式拜师黄静亚，先后向黄静亚学习了泡泡糕、过油肉、炒豆芽、香酥鸡王等知名菜品的制作技艺。

泡泡糕的制作技艺烦琐、复杂。制作泡泡糕的主要材料为玫瑰花，《史书》记载，玫瑰自汉代就开始栽培，南宋时期就已经被广泛应用于糕点的制作。据行红智介绍，门头沟妙峰山的玫瑰花颇受赞誉。妙峰山一带呈簸箕形盆地，自然条件非常适合种植玫瑰花，距今已有百年的历史。妙峰山玫瑰园最初就是皇家园林，专门为慈禧太后服务，外人也无从知晓。之所以挑选妙峰山玫瑰花作为泡泡糕的主要食材，主要原因是其花朵形状大、色泽鲜艳、味道浓厚、含油量高。关于泡泡糕的制作技艺，需要选择食材的种类繁多，馅料中包含妙峰山玫瑰、青梅、核桃仁。至于和面，需要用到东北老山参、党参、鹿茸、黄芪等 10 多种名贵中药材放到一起，用热水泡一整晚，然后用热水和面。需要注意的是，和面时，并不是将热水倒出，而是把面放入锅内，一边加热烧水，一边搅拌，直到面看起来非常筋道、通透为止。随后将面取出，兑上人参水和板油反复揉搓，使面酥松软糯。包馅过程中同样需要非常精细的技巧，包馅时须经常用手将外部的面轻轻提起，让部分空气进入，这样煎炸时才会形成泡状。同时，在炸制糕点的过程中要控制油温，厨师需要用手感受油的温度。油锅过热，糕点的形状很有可能会被油温毁坏，但油温过低时，不容易形成花朵的形状。只有在适度的油温下，眼疾手快，利用巧劲，才能将面点炸出伞花状。成品出锅后，玫瑰花香气四溢，其外形就像泡泡花，远看呈蘑菇状，外表金黄透亮，如晚霞般绚烂夺目，近看则像绽丝吐絮，仿佛一朵金色的菊花，再撒上少许糖粉，使其色、香、味俱全。泡泡糕上端泡泡部分口感酥碎，而下方的糕点部分则感觉十分绵密香甜，并且甜度合适，不会掩盖住核桃仁的味道，可谓舌尖上多元化的享受。

四、北京鸭

北京鸭原产于玉泉山一带，目前是北京烤鸭的主要原料，在北京多地养殖。

明成化八年（1472 年），由江苏金陵一带随漕运而来的白色湖鸭在潮白河和北京玉泉山下繁殖定居，经长期选育形成北京特有的"北京鸭"，成为北京烤鸭的特供原料。北京鸭是世界著名优良肉用鸭标准品种，具有生长发育快、育肥性能好的特点。北京鸭羽毛纯白色，体质健壮，生长快，60 天就可长到 2~2.5 公斤。北京鸭现已传至国外，在国际养鸭业中占有重要地位。

五、香山水蜜桃

香山水蜜桃起源于清末，距今已有 100 多年的历史，主要分布在香山一带。香山水蜜桃别名旱久保，果肉乳白色，皮下近核处红色，肉质软嫩，汁液多，微甜，有香气，黏核，果实发育期 91 天，采收期为 7 月上旬。

六、惠丰堂鲁菜

"惠丰堂鲁菜制作技艺"是海淀区级非物质文化遗产，是以经营山东福山风味菜肴为主的老字号餐馆，以"扒""烩""爆"见长，始建于清咸丰八年（1858 年），由山东省福山县人朱九在前门外大栅栏观音寺街开业经营。从专门承接婚丧嫁娶、喜庆宴会等包席生意的"冷庄子"，到开设散座、零吃零点的"热庄子"，到如今，惠丰堂是老北京经营山东风味菜肴的"八大堂"中仅存的一堂，其历史、社会价值可见一斑。

七、听鹂馆寿宴

听鹂馆寿宴制作技术是北京市级、海淀区级非物质文化遗产。在原清朝御膳房师傅的帮助下，颐和园听鹂馆以寿膳膳单为基础，挖掘整理恢复了当年作为清朝帝后的寿诞宴，也是内廷大宴之一的"万寿无疆席"的寿膳制作技艺。听鹂馆一直以接待国内外政要及贵宾为主，在这里用餐的中外政要已达 100 多位，接待政府代表团 200 多个。它不仅保持了中国传统饮食的精髓，而且体现了深刻的敬老、孝老的文化内涵。

八、御膳制作技艺

御膳制作技艺是海淀区级非物质文化遗产。清末，御膳房的厨师把原皇家

宫廷菜肴的制作方法带到了民间，后经五代传承至今。第四代传承人行红智查阅了《宫中杂件膳单》等大量文献资料，使皇家御膳的恢复传承工作不断取得进展，并在尊重皇宫饮膳原始记载的基础上，逐渐整理出了汉、唐、宋、明、清等朝代的皇家御膳百余种。由他制作的皇家御膳不仅选料考究，追求原汁原味，注重膳食的滋补、养生功能，而且注重环境、装饰、餐具的文化内涵与食物搭配的和谐统一，具有较高的历史、文化及研究价值。

第十二节　朝阳区的特色原材料和食品

朝阳区是北京市城六区之一，因位于朝阳门外而得名。地处北京市中南部，北接顺义区、昌平区，东与通州区接壤，南连丰台区、大兴区，西同海淀区、东城区、西城区毗邻。面积470.8平方公里。辖域地貌平坦，地势从西北向东南缓缓倾斜。元代开凿通惠河流经辖区内，在元、明、清三朝曾是漕运的重要河道。根据《北京城市总体规划（2016—2035年）》，朝阳区属于北京中心城区，功能定位是：东部、北部地区强化国际交往功能，建设成为国际一流的商务中心区、国际科技文化体育交流区、各类国际化社区的承载地；南部地区将传统工业区改造为文化创意与科技创新融合发展区。

朝阳区境夏、商、周时属冀州地、幽州地。元、明、清时，分属大都路（中都路改）大兴府大兴县、宛平县和通州潞县、漷阴县等。2018年，朝阳区辖24个街道、19个地区，设466个社区、144个村。

朝阳区历史文化资源丰富。有东岳庙，日坛，清净化城塔院，元大都城墙遗址（朝阳段），大运河（通惠河朝阳段）永通桥、平津闸，四九一电台旧址6个国家级重点文物保护单位；有十方诸佛宝塔、北顶娘娘庙、顺承郡王府3个市级文物保护单位。有"聚元号"弓箭制作技艺、小红门地秧歌、北京东岳庙庙会、罗氏正骨法、北京灯彩、傅氏幻术、北京兔儿爷、古琴艺术（九嶷派古琴艺术）、高跷秧歌、相声、老北京跤艺、"张三"功夫、八极拳、杨式太极拳、古彩戏法、北京宫廷补绣、京绣、内画鼻烟壶、北京点翠、京作硬木家具制作技艺、北刘动物标本制作技艺、孔伯华中医世家医术、同春堂皮肤病诊疗方法、蝴蝶手指穴疗法、东岳庙行业祖师信仰习俗、幡鼓齐动十三档、奶子房庙会 27 项市级以上非物质文化遗产。有文字记载的历代名人墓、清代王爷坟、清代公主坟有 100 余座。2022 年，中国工艺美术馆·中国非物质文化遗产馆正式开馆，朝阳再添一座国家级文化殿堂。该馆建筑面积 91126 平方米，地上共六层，新馆的建成，填补了我国工艺美术和非物质文化遗产国家级博物馆的空白，标志着我国又新增一处代表国家和首都文化形象、彰显新时代文化繁荣发展气象的重要文化地标。

一、红星二锅头

之前在讲顺义的时候讲过牛栏山二锅头，目前在北京市场上，主要是这两种二锅头。这两个企业目前都是国家非物质文化遗产保护单位。红星二锅头在 1949 年 5 月收编了老北京十二家老烧锅，继承了北京几百年的酿酒工艺，因此，北京红星股份有限公司是著名的中华老字号企业，红星的商标也是中国的驰名商标。红星独有的北京二锅头传统酿制技艺是国家非物质文化遗产。

二、东来顺集团

"东来顺"的创始人名叫丁德山，字子清，河北沧州人，早年以往城里送黄土卖苦力为生。清光绪二十九年（1903 年），丁德山全家搬到东直门外二里庄，盖了几间土房住了下来。丁德山每日拉黄土往城里送，都要路过老东安市场。当时的东安市场人来马往，热闹非凡。

丁德山看准了这块儿风水宝地，用干苦力攒下的积蓄，在东安市场北门搭了一个棚子，挂上"丁记粥摊"的牌子，卖些豆汁儿、扒糕、凉粉儿等大众吃食。后来顾客渐多，加上全家苦心经营，诚信待客，受到广大吃客的认可。如此一来，小粥摊已不能应付越来越多的食客，哥儿几个就打算把母亲接来，一是让她看看现在的买卖，二是一块儿商量商量把粥摊扩大，并且起个正式的字号。老母亲来了以后，看了又看，流下眼泪说："咱们是从东直门外来到这儿的，现在买卖虽然小，可是生意做得挺好，咱们但求这买卖能顺顺当当的，我说就起名叫'东来顺粥棚'吧！"这就是老字号"东来顺饭庄"字号的最初

起源。

东来顺火锅从 1914 年至今，已有百余年的历史，是东来顺主营的精品佳肴。观一观古朴的紫铜火锅；赏一赏红白相间的羊肉片；闻一闻香浓清淡的口蘑汤；不禁提起筷子涮上一涮，一涮即熟，久涮不老，蘸上可口的调料，吃起来鲜嫩爽口，食而不腻；还有精美的小点心供客人涮后品尝，咸的、甜的、酥的、脆的，口味各异，品种齐全，老少皆宜，雅俗共赏，故被授予"中华老字号清真第一涮"。创造了独特的色、香、味、形、器的和谐统一，可谓"美食美器，一菜成席"。

百余年来，东来顺在秉承传统的同时，博采众长、精益求精，形成了风味涮肉的八大特点：选料精、刀工美、调料香、火锅旺、底汤鲜、糖蒜脆、配料细、辅料全。牛羊肉烹制技艺（东来顺涮羊肉制作技艺）是第二批国家级非物质文化遗产。

三、洼里油鸡

朝阳洼里油鸡主要分布在原洼里乡和大屯乡一带（现在广泛分布于朝阳其他地方），2005 年由于奥运建设需要这一带被征用，成为现在的奥林匹克公园、国奥村和奥林匹克森林公园所在地。

洼里油鸡起源于清朝，距今已有 300 多年的历史，相传曾作为清代宫廷御膳用鸡。洼里油鸡产区位于京都的近郊，地势平坦，水源充足，土质肥沃，农业生产以粮菜间作为主，主要农作物有小麦、玉米和水稻等，为油鸡的养殖提供了良好的物质基础。

洼里油鸡外形独特，羽毛全身金黄色，又称"三黄"（羽黄、喙黄和胫黄），"三毛"（毛腿、凤头和胡子嘴），脚为五趾。肉质独特，口感细嫩爽滑，味道鲜美，鸡汤香气浓郁，营养价值高，曾被乾隆皇帝誉为"天下第一鸡。"

四、郎家园枣

郎家园枣源于清太宗时期，曾被列为宫廷贡品，已有 300 多年的历史。清初时期，郎家园为户部尚书郎球封地，故而得名。郎家园原有一片枣林，其枣果外形细长，肉质酥脆、甜蜜，北京市场曾有"无枣不郎家园"一说，可见郎家园枣在百姓心中的知名度。郎家园枣最初是在高碑店乡郎家园村种植，后来发展到孙河乡和王四营地区种植，目前孙河乡建有郎家园枣生态园，是都市型现代农业重点项目之一。

郎家园枣皮薄肉嫩、口味甜美、酥脆多汁、风味独特、品质上乘。营养丰富，富含维生素 C 和单宁，可以预防高血压、延缓衰老，鲜枣中含有丰富的环磷酸腺苷，对于改善风湿性心脏病的心悸、气急、胸闷等症状，具有一定的辅助疗效。民间素有"一日食三枣，百岁不显老""五谷加红枣，胜似灵芝草"之说。郎家园枣荣获无公害认证，2008 年被评为"奥运推荐果品"，目前郎家园生态园有 40 公顷的种植面积，年产量达 20 吨，基本以采摘为主。

第十三节　东城区的特色原材料和食品

东城区地处北京市中心城区东部，面积 41.84 平方公里。东部、北部与朝阳区相连，南部同丰台区接壤，西部与西城区相接。全区设 17 个街道、177 个社区、3 个管委会。东城区是北京市辖区、北京市中心城区、首都功能核心区，因在北京城中轴线东侧得名。1958 年 5 月，东单区、东四区合并，成立东城区。2010 年 6 月，东城区、崇文区合并，仍名东城区。

东城区是北京文物古迹最为集中的区域。辖区内拥有国家级文物保护单位 16 处，占北京市的 37%；市级文物保护单位 60 处，占全市的 24%；区级文物保护单位 57 处。著名的新北京十六景中的"天安丽日""紫禁夕晖"，古老而又神秘的秘宗禅林雍和宫、元明清三代的最高学府国子监、"左祖右社"的太庙、社稷坛、探索天空奥秘的北京古观象台、鸣金擂鼓报时的钟鼓楼、正气浩存的文天祥祠、北大红楼等早已名扬海内外，此外，还有毛泽东、茅盾、老舍、宋庆龄等一批名人故居以及北京民居四合院。

一、馄饨侯

把姓放在小吃的后面比如"馄饨侯"，即姓侯的师傅家做的馄饨特别好吃，

他的牌子就叫馄饨侯。馄饨侯的特点是皮薄、馅细、汤好，佐料全，美味可口。

北京馄饨侯是著名的中华老字号，其历史可追溯至20世纪初，创始人侯庭杰，1946年在东安门大街16号门前摆摊卖馄饨，摊位后墙挂着一个布帐子，底色紫红色，上面写着"馄饨侯"三个大字，当时人们对馄饨侯的评价有四：一皮薄，二馅细，三汤鲜，四人缘。中华人民共和国成立后，始座店于王府井金街，现旗舰店仍坐落于原址。馄饨侯由原来的集体所有制转变为股份制，现公司全称为"北京馄饨侯餐饮有限责任公司"。

北京馄饨侯于1989年被授予"中华老字号"，并于2001年通过了ISO9001：2001国际质量标准体系认证，2003年被中国连锁经营协会评为"知名品牌"。北京馄饨侯大力发展连锁经营，现已发展到九省、自治区20余座城市，连锁店铺50家。北京馄饨侯的馄饨在第四届全国烹饪技术大赛上荣获金奖并蝉联了第五届全国烹饪技术大赛的金奖。

二、爆肚

爆肚是北京特有的一种美食。从清朝开始流行起来的时候就有很多摊位经营售卖，时至今日，北京成立经营爆肚的老字号有很多，北京天桥有爆肚石，门框胡同有爆肚杨，还有爆肚冯、爆肚满等，这些都是在北京吃爆肚比较正宗的地方，其中爆肚冯是中华老字号企业。

三、谭家菜

谭家菜是北京地方独特的官府菜肴，1958年，谭家菜在周恩来总理的关怀下于北京饭店安家落户。除谭家菜外，川菜、粤菜、淮扬菜等菜系在北京饭店各领风骚，精美绝伦的菜肴与优雅舒适的就餐环境可谓相得益彰。谭家菜共有近200种佳肴，以做海味菜最为有名。素菜、甜菜、冷菜以及各类点心等也很拿手。例如，汤鲜味美的蚝油鲍鱼、新颖别致的柴把鸭子、脆嫩香鲜的罗汉大虾、清淡适口的银耳素烩，都是极有特色、别具一格的佳肴。谭家菜的点心中，麻茸包色白皮软、馅甜而香、入嘴即化，非常适口；酥盒子则是肉馅鲜美，酥皮松脆，色、香、味、形俱佳。谭家菜在烹制名肴中，又以燕窝和鱼翅的烹制最为有名。在谭家菜中，鱼翅的烹制方法有十几种之多，如三丝鱼翅、蟹黄鱼翅、砂锅鱼翅、清炖鱼翅、浓汤鱼翅、海烩鱼翅等，其中以黄焖鱼翅最为上乘。谭家菜中的清汤燕菜、红烧鲍鱼、蚝油鲍鱼更有其独到之处。

谭家菜第四代传承人刘忠，北京饭店行政副总厨师长，全国劳动模范，国务院特殊津贴获得者，先后荣获北京市政府特殊津贴、中国京菜名厨、中国最美厨师奖、中华金厨奖、大工匠等荣誉。2022年北京冬奥会期间，刘忠作为北京冬奥组委餐饮专家组团成员、首旅集团北京冬奥会开幕式服务保障团队中餐厨师长，带领团队圆满完成冬奥会相关服务工作。

四、天兴居炒肝

天兴居炒肝因其悠久的历史和正宗的工艺，被列入了东城区级非物质文化遗产名录。

北京炒肝历史悠久，是由宋代民间食品"熬肝"和"炒肺"发展而来，清朝同治年间，会仙居以不勾芡方法制售，当时京城曾流传"炒肝不勾芡——熬心熬肺"的歇后语。吃炒肝时应就着小包子沿碗四周抿食。清代炒肝的制售者有展面和肩挑两种。展面者首推前门外的会仙居。

北京天兴居制作的炒肝，1997年12月被中国烹饪协会授予首届全国中华名小吃。天兴居炒肝选料精细，主料是肥肠，调料有酱油、黄酱、生蒜泥、熟蒜泥、骨头汤等，制作考究，味浓鲜美，肥而不腻，晶莹透彻，盛在小巧玲珑、碗口只有二寸的景德镇特制小碗中，宛若宝盏含晶，甚是诱人。在《燕都小食品杂咏》中有首竹枝词，特别生动地道出了北京人对炒肝的由衷赞美："稠浓汁里煮肥肠，交易公平论块尝。谚语流传猪八戒，一声过市炒肝香。"天兴居炒肝原材料的选择极其严格，要求必须选用当日宰杀的新鲜猪内脏，经过三次以上的清洗后才可使用。

五、锦芳元宵

锦芳什锦元宵的主要特点是：煮时只要开锅都漂在水面，而且膨胀，煮后皮松软，馅心成粥状，吃起来香甜不腻。近年来锦芳小吃店不断开发新的元宵品种，馅料十分丰富，如玫瑰、椰蓉、葡萄干、山楂、芝麻、巧克力、白糖、可可、蓝莓、桂花、豆沙、杏脯、圣女果、什锦等一系列口味，选择众多。

在 1997 年全国名小吃认定会上，锦芳元宵被评为"中华名小吃"。锦芳元宵制作技艺被列入东城区级非物质文化遗产。

六、都一处炸三角

都一处炸三角制作技艺被列入东城区级非物质文化遗产。

炸三角是都一处的著名食品之一，迄今已有 100 多年的历史，都一处历史上经营的第一个菜品就是炸三角。炸三角乍看上去很平常，像油炸过的小汤包，但老食客都知道，哪怕寻遍北京城，也只此一家。炸三角吃的时候要先用筷子扎一个小洞，防止汤汁四溅。

炸三角分为荤馅和素馅两种，从选料到做法上都有技巧和讲究之处。一是馅儿的成色，选好原料与瘦肉末儿一起拌以高汤，待馅儿凝固成"冻儿"后，切成均匀的小块儿，这就是炸三角独特的"卤馅"。二是炸的火候，三角包放入沸腾的油锅中炸制，待皮儿变成焦黄时，"卤馅"则受热变软但仍是凝成一团儿。三是入嘴时外皮儿的焦脆程度及咬嚼时的口感滋味。吃时，用嘴一咬，皮儿是焦黄脆香，馅儿是鲜嫩松软，浓馅儿中还蕴含汤香。

七、都一处马莲肉

都一处马莲肉制作技艺被列入东城区级非物质文化遗产。

马莲肉是北京传统的京菜。上等凉菜，味道清香，可作酒菜，四季皆宜。此菜制作时用马莲草绑肉，故肉中有马莲的清香味，是佐酒的凉菜，肉烂味浓，并配有晶莹的肉冻，食之清凉爽口。

八、白魁烧羊肉

白魁烧羊肉制作技艺被列入东城区级非物质文化遗产。

白魁是原"东长顺清真馆"的店主。该店创始于清乾隆四十五年（1780年），已有 200 多年历史。该店制作的烧羊肉，风味独特，誉满京都，与东来顺的涮羊肉、烤肉季的烤羊肉、月盛斋的酱羊肉并称为四大羊肉制品。白魁的烧羊肉之所以有这样的声誉，离不开细节和讲究，首先原材料必须是肥嫩的羊；码肉也有讲究，肉的老嫩度和厚度不一样，所以要厚的在下，薄的在上，按这个顺序码肉，做出来的才是广受赞誉的白魁烧羊肉。肉码好后下调料，据说调料里有20多种中草药，而且还根据季节随时调换比例。除了香料中草药之外，还往肉里加干黄酱、甜面酱、葱、姜以及味儿浓的百年老汤，把老汤浇肉上，大火把肉煮熟，小火煨烂，出锅后，还得上锅蒸，把多余的油汁儿蒸出来，最后再经过油炸，这样吃起来才外焦里嫩，油而不腻。

九、金糕张金糕

金糕张金糕制作技艺被列入东城区级非物质文化遗产。

在北京大栅栏对面的鲜鱼口内，原来小桥的十字路口，南孝顺胡同北口路西，有一座二层八角的转角楼，虽然老态龙钟，漆色早已经斑驳脱落，木料也沧桑得皱纹纵横，有点儿摇摇欲坠的样子，却曾经是鲜鱼口重要一景。老北京有名的金糕店泰兴号，就开在这里。

泰兴号最早开张在清末，是家老字号，因为掌柜的姓张，人们都管这家老店叫作金糕张，就像豆汁丁、爆肚冯、羊头李等一样，时间一长，人们倒忘了它的本号泰兴。

金糕，就是山楂糕，用山楂做成的一种小吃，物美价廉，开胃败火。金糕张之所以出名，在于当年慈禧太后爱吃这一口，专门派人出宫到金糕张这里买山楂糕，吃后连连称赞，只是觉得叫山楂糕这名字不雅，赐其名为金糕。一个金字，点石成金，有了皇家味道，一下子抬高了它和泰兴号的地位。当时还有人专门送了一块匾额，上书"泰兴号金糕张"六个大字，成为鲜鱼口一块醒目的招牌。

十、西德顺爆肚王爆肚

西德顺爆肚王爆肚制作技艺被列入东城区级非物质文化遗产。

爆肚王的爆肚有爆肚仁、散丹等原料。从选料、加工到佐料配制样样讲究，一板一眼按照老辈儿的传统手艺去做。原料必须是头天屠宰的鲜肚，不吃冻货，不管多忙绝不大锅烩。在爆肚王吃爆肚的佐料更是一绝，各种佐料均选用名品牌，经加工后分盆盛置，吃时每碗现兑，不仅味道纯正，黄、褐、红、白、绿的天然色也很耐看。

十一、都一处烧卖

烧卖看上去就像是一种不封口的包子，但做起来十分复杂。做烧卖皮时，要把揉透的面团用走锤擀成波浪式花纹的荷叶边或麦穗花边。烧卖馅要用鲜肉配葱、姜等佐料搅拌，形成红、白、绿相间的颜色。包制时，馅儿要露在外面，口轻捏成石榴嘴状。蒸熟的烧卖出笼时，形雪白剔透、晶莹通明，皮薄如蝉翼，柔软而有韧性，鲜香四溢。做烧卖最出名的当数北京的都一处。

都一处烧卖制作越来越讲究，应时当令，花样增多。春季有春韭烧卖，夏季有西葫芦烧卖、素馅烧卖等；秋季有蟹肉烧卖；冬季有猪肉大葱烧卖，还有虾仁、海参、玉兰片三鲜烧卖。品种繁多、质量上乘的四季烧卖吸引了众多食客。2000年，都一处烧卖获"中华名小吃"称号。2008年，都一处烧卖制作技艺入选《国家级非物质文化遗产名录》。2010年，吴华侠被命名为区级非遗项目代表性传承人。

第十四节　西城区的特色原材料和食品

西城区的突出特点是首都功能核心区，是政治中心、文化中心的核心承载区，历史文化名城保护的重点地区，体现国家形象和国际交往的重要窗口地区。西城区辖区面积50.7平方公里。下辖15个街道、263个社区。西城区是党中央、全国人大、国务院、全国政协等党和国家首脑机关的办公所在地，是国家最高层次对外交往活动的主要发生地，是首都"四个服务"体现最直接、最集中的地区。辖区内三级以上中央单位525家，其中副部级以上单位90家。

西城区是战国燕都蓟城所在地，辽、金、元、明、清历代均为京都一部分。作为北京3000多年的建城地和800多年的建都地，西城区是皇家文化和民俗文化的融合区，是皇城文化、仕子文化（名人故居、各地会馆，众多历史文化名人及革命先驱故居）、民俗文化（非物质文化遗产项目上百项）、宗教文化（天、基、佛、道、伊五大宗教总部除基督教外均在西城）等各种文化高度融合的区域。辖区拥有什刹海、大栅栏等 18 片历史文化保护区，占全市的 45%。有北海公园、景山、恭王府等各级文物保护单位 181 处，其中国家级 42 处；有非物质文化遗产保护项目 162 项，其中国家级 36 项。

西城区的豆汁、李记白水羊头、自来红、自来白，还有同和居和砂锅居，这些都是西城区首屈一指的北京特色。

一、仿膳（清廷御膳）制作技艺

仿膳（清廷御膳）制作技艺是北京市西城区地方民间传统技艺，国家级非物质文化遗产。仿膳（清廷御膳）制作技艺选用山八珍、海八珍、禽八珍、草八珍等名贵原料，采用满族的烧烤与汉族的炖、焖、煮等技法，会南北风味之精粹，菜点繁多。

二、牛羊肉烹制

聚德华天控股有限公司目前拥有全资企业和控股企业 40 余家，包括鸿宾楼、烤肉季、烤肉宛、砂锅居、峨嵋酒家、柳泉居、老西安饭庄、又一顺、马凯餐厅、曲园酒楼、西来顺、玉华台、大地西餐厅、护国寺小吃等享誉京城的中华老字号，经营京、湘、鲁、苏、豫、川、清真等不同菜系，涵盖中式正餐、快餐、小吃、西餐等不同业种，有 17 家企业被商务部认定为"中华老字号"。公司有西城区级、北京市级和国家级非物质文化遗产项目 17 项。其中牛羊肉烹制技艺（北京烤肉制作技艺）、牛羊肉烹制技艺（鸿宾楼全羊席制作技艺）为国家级非物质文化遗产。

三、丰泽园鲁菜

2021 年，丰泽园鲁菜制作技艺入选第五批北京市非物质文化遗产。

丰泽园饭庄经营的山东菜，主要由济南风味和胶东风味组成。菜肴特点是"清、鲜、香、脆、嫩"，尤以鲜为最。砂锅鱼翅、干鱼翅、葱烧大乌参、干烧大鲫鱼等都是这里的名菜。素有"吃了丰泽园，鲁菜都尝遍""穿鞋内联升，吃菜丰泽园"的说法。烹调技法擅长"爆、炒、烧、炸、扒、溜、蒸"。取"丰泽"二字，象征菜肴丰饶、味道润泽之意。

四、同春园江苏菜

2021 年，同春园江苏菜制作技艺入选第五批北京市非物质文化遗产。

同春园饭店由中华老字号、著名特级餐馆发展而来，在北京鳞次栉比的饭店中，具有老字号饭庄特色的饭店并不多见。同春园饭店的前身是享誉京城的江苏风味名店同春园饭庄，开业于 1930 年，在繁华的西单商业区经营 70 年。

同春园以烹制河鲜类菜肴最为拿手，鱼虾、蟹类名肴迭出。做河鲜类菜以烧、煎、烹、溜、炸、焖手法为主，菜肴口味鲜嫩、清淡、微甜，成菜出品不失原汁原味，虽酥烂但不失其形。尤其鱼馔的做法最为丰富。有干烧青鱼、红烧中段、干烧头尾、砂锅头尾、糖醋瓦块鱼、烧划水、五香叉烧等名肴。

五、龙门米醋

中华老字号品牌"龙门"始创于清嘉庆二十五年，即 1820 年。"龙门"米醋，发源于河北省龙关县，临近的龙河水中有鱼，故字号起名为龙门，取鲤鱼跳龙门之意，2006 年被商务部认定为"中华老字号"。今天的"龙门"米醋，从龙河畔的小醋坊，到行业里的响当当。

"龙门米醋"将传统工艺与现代先进技术相结合，质地醇正、浓郁芳香、酸味柔和、澄清透明，形成了"清如酒、亮如油"的美称，产品享誉全国，曾多次荣获"北京名牌产品"称号；2017 年、2018 年两度荣获"中国食醋行业顾客最满意品牌"称号。

六、六必居酱菜

六必居酱园始于明嘉靖九年（1530 年），已有 490 多年的历史，是京城历史最悠久、最负盛名的老字号之一。六必居酱园坐落在前门粮食店街三号，其门面房子是中国古式的木结构建筑，于 1994 年重新翻建，仍保持着古香古色的建筑风格。六必居酱园店设在北京，相传创自明朝中叶。挂在六必居店内的金字大匾，相传是明朝大学士严嵩题写。六必居原是山西临汾西杜村人赵存仁、赵存义、赵存礼兄弟开办的小店铺，专卖柴米油盐。俗话说："开门七件事：柴、米、油、盐、酱、醋、茶。"这七件是人们日常生活必不可少的。赵氏兄弟的小店铺，因为不卖茶，就起名六必居。

六必居的含义是：黍稻必齐，曲蘖必实，湛之必洁，陶瓷必良，火候必得，水泉必香。"六必"在生产操作工艺上可以解释为：用料必须上等，下料必须如实，制作过程必须清洁，火候必须掌握适当，设备必须优良，泉水必须纯香。六必居店堂里悬挂的"六必居"金字大匾，出自明朝首辅严嵩之手。此匾虽数遭劫难，仍保存完好，现已成为稀世珍品。

2019 年 11 月，《国家级非物质文化遗产代表性项目保护单位名单》公布，北京六必居食品有限公司获得"酱菜制作技艺（六必居酱菜制作技艺）项目"保护单位资格。

七、烤肉宛和烤肉季

北京人津津乐道的烤肉，一定是南宛北季。季氏的烤羊肉、宛氏的烤牛肉，各有各的立身之道。北京经营烤肉的餐馆数烤肉宛的字号最老，创建于清康熙二十五年（1686 年），已有 330 多年历史。《首都杂咏》记载："安儿胡同牛肉宛，兄弟一家尽奇才。切肉平均无厚薄，又兼口算数全该。"烤肉宛现位于西城区宣武门内大街，创建于 1686 年。最初为一名姓宛的回民在宣武门一带推车卖牛羊肉。其二代在车上安置了烤肉炙子，卖起了烤牛肉。直到其第三代才购置了铺面，从此座店经营，专营烤牛肉和牛、羊肉包子。张大千、梅兰芳、马连良等艺术大师均为这里的常客。烤肉宛的烤牛肉，溢油、荡香、鲜嫩，有"赛豆腐"的美称。2006 年，烤肉宛的烤牛肉制作技艺被认定为北京市非物质文化遗产，同年，被国家商务部重新认定为"中华老字号"。北季指的是烤肉季，位于什刹海前海的东沿。周围是北京民俗旅游区，给这家百年老字号增添了历史的厚重。烤肉季坐落于北京著名的什刹海风景区，与北京燕京八景"银锭桥观山"的银锭桥举步之遥，烤肉季是有 180 多年店史的中华老字号，相传，清道光二十八年（1848 年），北京东通州的回民季德彩，在什刹海边的荷花市场摆摊卖烤羊肉，打出了"烤肉季"的布幌。季家在此经营烤羊肉多年，有了积蓄后，买下了一座小楼，正式开办了"烤肉季"烤肉馆。烤肉季所处位置，正是银锭观山处，面对一波碧水，远望西山夕阳，品味烤肉，实在是一个好去处。经营的烤羊肉久负盛名，有"南宛北季"的口碑。100 多年来，

烤肉季仍保持着传统风味，各界名人，如老舍、梅兰芳、马连良等，均曾为这里常客。2006年，烤肉季的烤羊肉技艺被认定为北京市非物质文化遗产。

无论是南宛还是北季，它们的选料都非常考究，吃法也很独特，别有一番风味。曾有记载，食客吃烤肉时，皆围炉而立，一脚踏在长板凳上，一脚踩地。一手托佐料碗，碗内是酱油、醋、姜末、料酒、卤虾油、葱丝、香菜叶混成的调料。一手拿长竿竹筷，将切成薄片的羊肉蘸饱调料，放于火炙子上翻烤。待肉熟，就着糖蒜、黄瓜条、热牛舌饼吃，也可佐酒喝。特别是寒秋冷冬，吃得大汗淋漓、周身通泰。现在的吃法稍有变化，肉片与佐料先已拌好；佐料比以前多了香油、白糖、辣油等，而葱与香菜则是边烤边往肉里放；肉在炙子上烤好后可直接入口。另外，吃烤肉一定要吃烧饼，就如同吃烤鸭要吃荷叶饼一样，早已约定俗成了。

第十五节　石景山区的特色原材料和食品

石景山区位于北京西部西山风景区南麓和永定河冲积扇上，因燕都第一仙山———石景山而得名。东至玉泉路与海淀区毗连，南抵张仪村与丰台区接壤，北倚克勤峪与海淀区搭界，西濒永定河与门头沟区为邻。辖区总面积85.74平方公里。石景山区下辖八宝山街道、老山街道、八角街道、古城街道、苹果园街道、金顶街街道、广宁街道、五里坨街道及鲁谷街道9个街道，全区有46个民族。石景山区地处北温带，属暖温带半湿润大陆性季风气候区。石景山区山林资源得天独厚，天泰山、翠微山、石景山等峰峦叠翠、风景秀美，一脉清波的永定河，城市水岸旁，各具特色的大大小小的工艺，是城市最美的注脚。石景山从悠远的历史中走来，文化底蕴深厚，蕴藏着众多人文名胜，有佛教圣地八大处、拥有精美绝伦的明代壁画的法海寺，更有模式口的穿越千年的驼铃古道，西山永定河文化带覆盖石景山全域，承载着岁月流金，见证着人文传承。

石景山区立交交通高效便捷，山水相融生态自然，继2008年夏季奥运会比赛地之后，2022 年冬奥会也在石景山区大放光彩。当前，石景山区在争创国家森林城市称号，林木覆盖率将达到 30% 以上，绿化覆盖率达到 53% 以上，人均公园绿地面积达到 23 平方米以上，公园绿地 500 米服务半径争取覆盖率达 100%。石景山区拥有从成长到成熟的全周期高端空间载体。中关村科技园石景山园是中关村国家自主创新示范区文化创意产业特色园；新首钢高端产业综合服务区是北京市区内唯一可大规模联片开发的区域，将打造成传统工业绿色转型升级示范区、京西高端产业创新高地、后工业文化体育创业基地；北京银行保险产业园是具有全球影响力的银行保险业创新发展示范区，银行保险业创新实验区、产业聚集区和文化引领区。

一、北京酥糖

北京酥糖是中国三大名糖（上海奶糖、广州水果糖和北京酥糖）之一，作为北京地区传统名点之一，一直享有盛名，其中尤以红虾酥糖为上乘佳品。北京酥糖有着悠久的生产历史，最早源于唐代，享有"茶罢一块糖，咽而即消爽，细嚼丹桂美，甜酥留麻香"的美誉，为历代名人所称赞。酥糖霄中均匀分布着麦芽糖骨子，吃时酥糖霄香甜、桂花麻香浓郁、骨子松脆入口即溶。

二、它似蜜

它似蜜是传统北京清真名菜，特点是形似新杏脯、色红汁亮、肉质柔软，食之香甜如蜜，回味略酸。

三、冰花球

冰花球是北京的特色油炸小吃，形状是圆球，表面黏有白砂糖，从外表来看有点像冰花球，所以就起名叫冰花球，口感酥脆香甜，并且还有桂花的香味。

四、北京面茶（李记）制作技艺

北京面茶（李记）制作技艺是石景山区非物质文化遗产。

面茶是北京传统小吃，石景山区模式口村的李记面茶传承至今已有 100 多

年，李记面茶至今依然保留着原汁原味，其口味纯正、营养保健功效也深受广大百姓的喜爱。1899 年，李记面茶创始人李真开始在石景山区模式口一带走街串巷经营面茶，主要原料是小米和糜子面。小米有滋阴养血的功效，其无机盐和维生素的含量也高出大米数倍。中医认为小米味甘咸，有清热解渴、健胃除湿、和胃安眠等功效。而糜子面做粥可解毒、利尿，安中利胃宜脾，凉血解暑，补中益气。李时珍的《本草纲目》记载："糜子具有辟除瘟疫之功效，令各种瘟疫不染。"面茶辅料有姜汁、麻酱、芝麻等。1936 年，李真将李记面茶技艺传其子李庭汉，1992 年，李庭汉又将技艺传其子李国，李国由行商变为坐商，有固定店铺经营。李记面茶在制作工艺方面更是讲究火候，所使用的制作器皿，如砂锅、铜筷、瓷碗等也都有上百年的历史。

五、聚庆斋糕点

聚庆斋糕点制作技艺是石景山区非物质文化遗产。

聚庆斋在清代叫聚庆斋京果铺，始建于清嘉庆十三年（1808 年），距今已有 200 多年的历史。创始人田庆隆（字尉轩），直隶保定府人，早年来京，凭借祖传制作小面店的手艺，在清宫内务府分管皇家饮膳的"尚膳监"下属的"甜食房"当差，后因患足疾，回家休养期间被"开缺"。愈后再次来京，在亲友的资助下，筹措了八两银子，在前门外大栅栏路北和路南租房两间，于清嘉庆十三年（1808 年）开设"聚庆斋京果铺"，制售各类京式满、汉饽饽点心。门市在大栅栏路北，生产作坊在对面路南，两处相距不足 2 丈远，田庆隆做出的京式饽饽有 10 余种。《道咸以来朝野杂记》中记："瑞芳、正明、聚庆诸斋，此三处，北平有名者。"如今只有聚庆斋幸存。聚庆斋曾以制作北式点心"京八件"闻名，"京八件"原是清朝皇室在重大典礼及日常生活中必不可少的礼品，后来从宫廷传到民间，因其味道香醇、造型美观，受到各阶层人士的钟爱。

北京聚庆斋食品有限公司位于石景山区金顶街，传承人高广顺。聚庆斋的产品已形成传统糕点、西式糕点和以无糖糕点为代表的健康型系列糕点近 300 个花色品种。1992 年被评定为中华老字号。2000 年，由海淀区迁入石景山区，同年，率先通过了 ISO9001 国际质量体系认证，2003 年进行国企改制，成立北京聚庆斋食品有限公司。公司的经营理念：选料考究，严把质量关，服务热情周到。

第十六节　丰台区的特色原材料和食品

丰台区是北京市的城六区之一，是首都中心城区和首都核心功能主承载区，位于北京市南部，东面与朝阳区接壤，北面与东城区、西城区、海淀区、石景山区接壤，西北面与门头沟区接壤，西南面与房山区接壤，东南面与大兴区接壤。丰台区总面积306平方公里，其中平原面积约224平方公里。永定河由北至南贯穿丰台区，河东部邻近北京市区部分及永定河两岸为平原地带，西部则多丘陵。

冬季受高纬度内陆季风影响，寒冷干燥；夏季受海洋季风影响，高温多雨，是典型的暖温带半湿润季风型大陆性气候。

一、芍药

丰台芍药是医食同源的一种原料，丰台区在明代时就是著名的芍药种植基地，芍药主要用作切花，当然有的也可以入药。

二、草桥的菊花

丰台区的花乡草桥村，位于南三环玉泉营桥和南四环马家楼桥之间，全村的总面积是3.98平方公里。村民有4000多人，它的属地居住人口有20000多人，这个村的花卉产业比较发达，所以又称为丰台区的花园社区。在《西京杂记》里记载说：菊花舒时，并采茎叶，杂黍米酿之，至来年9月9日始熟，就饮焉，故谓之菊花酒。每年9月9日是重阳节，在9月9日登高的时候要喝菊花酒、吃菊花宴。

在慈山粥谱里有一个菜谱，就是菊花粥养肝血、悦颜色，久服美容艳体、抗老防衰。菊花除了美容功效之外，还有哪些功效？菊花具有丰富的挥发油和

矿物质，可以抗菌消炎、抑制病毒。菊花里还含有黄酮类的化合物，可以起到抗衰老、抗肿瘤、抗氧化，延缓衰老，美容的功效。同时，黄酮类化合物还可以降血压、降血脂。

三、长辛店白枣

又称长辛店脆枣，据《北京果树志·枣篇》记载，丰台区长辛店镇为其原产地，最初主要分布在长辛店镇李家峪村、张家坟村一带，目前主要在太子峪地区。

长辛店白枣起源于元代，距今已有 700 多年的历史。这个枣果皮深红色，皮薄、汁多、核小，果肉细嫩，酥脆甜酸。富含维生素 C 和铁，有预防缺铁性贫血、降低胆固醇等作用。白枣果皮和种仁可以入药，果皮可健脾，枣仁能镇静安神，果肉可酿酒，核壳可以制活性炭。据元代《析津志》记载，北京地区有 4 个优良的枣品种，长辛店白枣就是其中之一。

2012 年，长辛店白枣被评为国家地理标志保护产品。

四、太子峪的大枣

在《北京名果》一书里，太子峪的大枣列在鲜食枣的第一位。太子峪的大枣无论从口感还是风味上都比其他枣要好一些。太子峪村建立了北京市农业生产标准化生产基地，也叫中华名枣博览园。

五、俊王德顺斋"焦圈、烧饼"制作技艺

俊王德顺斋"焦圈、烧饼"制作技艺是丰台区非物质文化遗产。

清同治年间，北京回民王国瑞在菜市口一带摆摊制作烧饼、焦圈。"民国"元年（1912 年）在菜市口南来顺旧址和人民照相馆旧址的一个夹道里头置办了第一家铺面，起名德顺斋，取意"德致兴顺"，开始专门经营烧饼和焦圈。由于王家祖辈人都长得白净俊俏，所以人送"俊王"的雅号。

从牛街到万丰小吃城，王世华作为第五代传承人，深切感受到"俊王德顺斋"这五个字的深刻含义，这不单是几代传承者的坚守与汗水，更是几辈子北京人对于北京味道的那点最直接的念想儿。当谈及一个拥有数百年经营历史的

小吃老字号如何保留原有味道的时候，德顺斋第五代传承人王世华说，首先要将做人放到第一位。"就拿这糖耳朵来说，传统的糖耳朵对于原料的要求很高，蜜要纯正，而糖浆则是用白砂糖慢慢熬制而成，这需要付出很多时间的代价，俊王德顺斋一直坚持着这样的制作方式。而现在很多商家直接选用购买来的饴糖半成品，虽然省去了不少工序，但也付出了口感、味道等代价。这些代价其实恰恰是北京小吃传承百年而不变的秘诀。"

六、月盛斋酱牛肉

北京月盛斋清真食品有限公司是在原北京市清真食品公司改制基础上成立的北京市唯一一家专营清真肉食品的国有控股企业，是国家商务部确认的中华老字号企业，是国家民委和北京市民委确认的民族用品定点生产企业。

2019 年 11 月，《国家级非物质文化遗产代表性项目保护单位名单》公布，北京月盛斋清真食品有限公司获得"牛羊肉烹制技艺（月盛斋酱烧牛羊肉制作技艺）项目"保护单位资格。

参考文献：

［1］延庆县志编纂委员会.延庆县志［M］.北京：北京出版社，2004.

［2］怀柔县志编纂委员会.怀柔县志［M］.北京：北京出版社，1999.

［3］密云县志编纂委员会.密云县志［M］.北京：北京出版社，1998.

［4］平谷县志编纂委员会.平谷县志［M］.北京：北京出版社，2001.

［5］张万顺.门头沟文化遗产精粹 京西斋堂话［M］.北京：北京燕山出版社，2007.

［6］赵永高.门头沟文化遗产精粹 京西物产［M］.北京：北京燕山出版社，2007.

［7］北京市延庆区人民政府.［EB/OL］.（2022-01-10）.http：//www.bjyq.gov.cn.

［8］北京市怀柔区人民政府.［EB/OL］.（2022-01-10）.http：//www.bjhr.gov.cn.

［9］北京市密云区人民政府.［EB/OL］.（2022-01-10）.http：//www.

bjmy.gov.cn.

　　［10］北京市平谷区人民政府．［EB/OL］．（2022-01-10）.http：//www.
bjpg.gov.cn.

　　［11］北京市昌平区人民政府．［EB/OL］．（2022-01-10）.http：//www.
bjchp.gov.cn.

　　［12］北京市顺义区人民政府．［EB/OL］．（2022-01-10）.http：//www.
bjshy.gov.cn.

　　［13］北京市门头沟区人民政府．［EB/OL］．（2022-01-10）.http：//www.
bjmtg.gov.cn.

　　［14］北京市房山区人民政府．［EB/OL］．（2022-01-10）.http：//www.
bjfsh.gov.cn.

　　［15］北京市大兴区人民政府．［EB/OL］．（2022-01-10）.http：//www.
bjdx.gov.cn.

　　［16］北京市丰台区人民政府．［EB/OL］．（2022-01-10）.http：//www.
bjft.gov.cn.

　　［17］北京市东城区人民政府．［EB/OL］．（2022-01-10）.http：//www.
bjdch.gov.cn.

　　［18］北京市西城区人民政府．［EB/OL］．（2022-01-10）. http：//www.
bjxch.gov.cn.

　　［19］北京市海淀区人民政府．［EB/OL］．（2022-01-10）.http：//www.
bjhd.gov.cn.

　　［20］北京市朝阳区人民政府．［EB/OL］．（2022-01-10）.http：//www.
bjchy.gov.cn.

　　［21］北京市石景山区人民政府．［EB/OL］．（2022-01-10）.http：//www.
bjsjs.gov.cn.

　　［22］北京市通州区人民政府．［EB/OL］．（2022-01-10）. http：//www.
bjtzh.gov.cn.

　　［23］国家非物质文化遗产 - 北京怀柔杨树底下村敛巧饭．［EB/OL］.
（2014-2-20）. http：//www.beijing.gov.cn/photo/14/182/412147/540/index.html.

［24］元宵节（敛巧饭习俗）.［EB/OL］.（2020-10-20）.https：//www.ihchina.cn/project_details/15070

［25］北京顺鑫控股集团有限公司.［EB/OL］.（2020-10-20）.https：//www.shunxinholdings.com.

［26］金戈铁马.品皇家美味 泡泡糕制作技艺尽在凯瑞御仙都［J］.旅游，2021（8）：108-115.

［27］北京面茶（李记）制作技艺.［EB/OL］.（2020-10-20）.https：//www.sjsggwh.com/Culherit/Details/54.

［28］聚庆斋糕点制作技艺.［EB/OL］.（2020-10-20）.https：//www.sjsggwh.com/Culherit/Details/52.

［29］京根儿.俊王德顺斋 用时间保留味道的传奇［J］.北京记事，2018（8）：51-53.

［30］北京市特色农产品.［EB/OL］.（2022-04-01）.http：//nc.mofcom.gov.cn/nc/qyncp/list?rz_type=3

单元测试

一、多选题

1. 下列是怀柔特产的是（　　　）。

A. 板栗　　　　B. 香酥梨　　　　C. 虹鳟鱼　　　　D. 里炮村苹果

2. 下列是密云特产的是（　　　）。

A. 红香酥梨　　B. 红富士苹果　　C. 核桃　　　　D. 黄土坎鸭梨

3. 下列是昌平特产的是（　　　）。

A. 京白梨　　　B. 草莓　　　　C. 阳坊涮羊肉　　D. 北京烤鸭

4. 下列是通州特产的是（　　　）。

A. 酱豆腐　　　　　　　　　B. 鑫双河樱桃

C. 大顺斋糖火烧　　　　　　D. 红香酥梨

5. 下列是大兴特产的是（　　　）。

A. 酱豆腐　　　　　　　　　B. 西瓜

C. 安定桑葚　　　　　　　　D. 金把黄鸭梨

6.葡萄具有抗氧化、抗肿瘤的功效，主要是因为葡萄含有（　　　）。

A.果酸　　　　　　B.葡萄多酚　　　　C.白藜芦醇　　　　D.铁

7.玫瑰花能缓解神经疲劳，主要是因为含有（　　　）。

A.萜烯类化合物　　　　　　　　　B.黄酮类化合物

C.含氮含硫化合物　　　　　　　　D.脂肪族化合物

二、单选题

1.纸皮核桃是（　　　）的特产。

A.延庆　　　　　　B.怀柔　　　　　　C.昌平　　　　　　D.门头沟

2.京西稻是（　　　）的特产。

A.房山　　　　　　B.海淀　　　　　　C.朝阳　　　　　　D.昌平

3.吃板栗可以缓解疲劳，主要是因为板栗含有（　　　）。

A.碳水化合物　　B.维生素C　　　　C.核黄素　　　　　D.钙

4.永宁豆腐是北京哪个区的特产（　　　）。

A.昌平　　　　　　B.平谷　　　　　　C.延庆　　　　　　D.门头沟

5.京西白蜜是北京哪个区的特产（　　　）。

A.房山　　　　　　B.门头沟　　　　　C.石景山　　　　　D.大兴

6.吃柿子可以预防便秘，主要是因为柿子含有（　　　）。

A.单宁　　　　　　B.多酚　　　　　　C.膳食纤维　　　　D.转化糖

7.喝啤酒可以助消化，主要是因为啤酒中含有（　　　）。

A.有机酸　　　　　　　　　　　　B.谷胱甘肽

C.多酚类化合物　　　　　　　　　D.酵母

8.平谷大桃主产区在平谷区，吃桃子可以降低血压，主要是因为桃子中含有（　　　）。

A.维生素C　　　B.钙　　　　　　　C.钾　　　　　　　D.膳食纤维

三、判断题

1.北京小吃基本都分布在城六区。（　　　）

2.良乡板栗不是因为板栗产在良乡，而是因为良乡是北京板栗销售的集散地。（　　　）

3.地理标志保护产品是指产自特定地域，所具有的质量、声誉或其他特性

本质上取决于该产地的自然因素和人文因素，经审核批准以地理名称进行命名的产品。（   ）

4. 金鳟鱼也是怀柔的特产。（   ）

5. 延庆的国光苹果比其他地方的国光苹果颜色好，上色率高。（   ）

6. 苹果能补脑养血、有助睡眠是因为苹果中含有苹果多酚。（   ）

7. 柿饼上的白霜是可以吃的。（   ）

8. 吃樱桃可以补血，主要是因为樱桃中含有维生素C。（   ）

9. 农产品地理标志产品指的是具有地域特色，是其他地域产品无法比拟的。（   ）

10. 吃梨可以去痰止咳，主要是因为梨里含有丰富的苷和鞣酸。（   ）

作业

北京各区特有原材料形成的原因有哪些？

课堂讨论

你所在的地区都有哪些特产呢？请举例2~3种。

第三单元　单元测试答案

一、多选题

1. AC　　2. AD　　3. BC　　4. AC　　5. BCD　　6. BC　　7. ACD

二、单选题

1. D　　2. B　　3. A　　4. C　　5. B　　6. C　　7. C　　8. C

三、判断题

1. √　　2. √　　3. √　　4. √　　5. √　　6. ×　　7. √　　8. ×

9. √　　10. √

第四单元

兼容并蓄的北京菜

第一节　北京菜的历史

一、北京菜的形成与发展

孟子曾说过："口之于味也，有同嗜焉。"意思是说天下人的口味，都是有一致之处的。当然由于物产、气候、习俗，还有传统的不同，不同地区的人们口味还是存在很大差异的。我国地大物博，东西部的饮食原料也是存在差异的。晋朝张华在《博物志》中说："东南之人食水产，西北之人食陆畜；食水产者，龟、蛤、螺、蚌以为珍味，不觉其腥臊也；食陆畜者，狸、兔、鼠、雀以为珍味，不觉其膻也。"也就是说，各地民众对所在区域的原料感觉都是美味，而同样的原料对于别的区域的民众来说就是无法接受的。我国东西部的原料其实是有很大差异的，南北方的口味也是有差异的。清代钱泳在《履园丛话》中说："同一菜也而口味各有不同，如北方人嗜浓厚，南方人嗜清淡，清奇浓淡，各有妙处。"他肯定了不同地区口味各有长处，中国烹调实践强调适口，不同的地区自然会产生适合当地人口味的肴馔，也培养了一批擅长烹调特定地区肴馔的厨师。过去称不同地区的菜肴用京帮、鲁帮、闽帮、川帮，用这些地区来区别各地区肴馔的特色。饮食文化的研究者则从各地地区形成的具有特点的味道和肴馔的系列出发，以界定各地饮食的差别，从而称之为菜系。

二、菜系

菜系的形成是需要一定条件的。第一个条件，地方菜系是地方菜肴的升华，需要该地区有发达的商业、交通、文化，尤其要有城市的繁荣，只要有了城市的繁荣，就会出现大量的饭馆餐厅。在烹调经营的场所里，烹调技艺才能得到广泛的交流和提高，从而形成大量的名馔佳肴。城市繁荣了，成为百物聚散之处，带有本地特色的原料就丰富了。菜系形成的第二个条件就是需要有一定数量并且要有能够传世的技艺高超的厨师，即菜系形成的第二个条件是人。

第三个条件是需要一批高水平的消费者，有文化教养的美食家品评和宣传，这样就形成了菜系发展的动力。所以要形成菜系，需要这三方面的因素：第一方面是要有丰富的原料；第二和第三方面都是与人有关，即厨师和消费者。

在中国到底有多少菜系？由于对菜系理解不同，至今没有一致的看法。一般选取历史渊源比较深，并且又有全国影响的八大菜系来介绍中国菜系。八大菜系非常清晰：川、鲁、粤、苏、浙、闽、湘、徽。当然在八大菜系的基础上，后来又形成了十大菜系，把楚菜和京菜加上去了，也就是把湖北菜和北京菜加到了八大菜系里，形成了十大菜系。

三、北京的地理环境

从北京的地图可以看出，北京的南部和东部属于华北平原，西部和北部主要是太行山和燕山山脉的山地，这样独特的地理位置决定了北京的物产特点。平原地区比较平坦，土地肥沃，盛产水稻、小麦、玉米、高粱和小米等粮食类原料以及各种蔬菜。在西部和北部山区，主要产板栗、核桃、枣、梨、柿子、山楂、桃子等干鲜水果，所以北京的烹饪原料非常丰富。北京是中国的首都，自然条件优越，地理位置极为重要，汉族和少数民族自古在这里融会交流，共同推动了统一的多民族国家的发展。

在北京的历史变迁中，女真人、蒙古人、汉人、满人先后于金代、元代、明代、清代在北京定都，呈现出了"五方杂处，百货云集"的局面。正因为有了这样的局面，各民族的饮食习惯在北京相互碰撞、相互影响，逐渐形成了各民族风味融合的北京风味。

第二节　北京菜的形成与发展

北京是一个"五方杂处，百货云集"的古都，各民族饮食习惯在北京相互影响、相互融合。

一、北京菜的融合

1. 民族融合

"京菜"又称京帮菜，是以北方菜为基础，兼收各地风味后形成的，起源于辽金，形成于明清，北京的地理位置接近游牧地区，汉族、满族、蒙古族、回族各族人民大量在此定居。辽、金、元、清500余年间，都是游牧民族居统治地位，统治者的口味和饮食需求，必然会对北京的肴馔烹调有决定性的影响。

2. 口味融合

北京菜主要是由本地的地方菜、宫廷菜、清真菜、平民菜、官府菜口味融合在一起，烹调技法上主要以爆、烤、涮等为主，味道比较浓厚、酥脆。

3. 原料融合

秦汉以后北京百业兴旺、商贾云集，汉族与少数民族饮食文化在北京进行着大交流、大融合，使得北京菜中牛羊肉菜占据较大的比例。并且北京菜的原料选料精致、刀工细腻、注重形器、讲究规矩，具有丰厚的文化内涵和鲜明的北京特色。

二、地方菜对京菜的影响

北京是各地文人士大夫云集之处，追随他们而至的还有技艺高超的各地厨师。这些厨师把具有不同风味的菜肴带进了北京，使北京的肴馔吸收和综合了各地烹调技术的长处，从而大大丰富了北京肴馔的风味。

1. 鲁菜

对北京菜影响较大的是山东菜、淮扬菜和江浙菜。山东菜又称为鲁菜。北京菜真正形成是在明清时期，主要表现在奠定基础的鲁菜进入了北京。明朝的时候，山东风味菜已经在北京立足，山东菜的烹饪方法是京菜的重要烹饪方法。到了清朝初期，山东菜馆在北京越来越多，直接影响着北京菜。在北京的山东风味，主要有两大来源，一个是以烹制各种海味见长的福山菜，另一个是以善用清汤、奶汤烹制菜肴闻名的济南菜。为了适应北京人的口味和爱好，在使用原料、操作方法、菜肴特点等方面，实际上已经发生了很大变化，如鲁菜

的"锅熄豆腐"，在山东当地是用鲜虾仁做馅，放酱油，颜色是橘黄色，在北京则不放馅，不用酱油，最后呈现出来是蛋黄色。再比如"酱爆鸡丁"，在山东是用甜面酱，在北京则是用黄酱，也叫京酱。所以山东菜到了北京以后因地制宜发生了一些变化。

2. 江浙菜

明朝都城从南京迁到北京，江浙菜流入到了北京。南方主要种植稻米，江浙菜入京后，把稻米的种植技术还有米制品的制作工艺也带入了北京。江南厨师也陆续进京，为北京菜肴以及小吃增添了新的内容。江浙菜主要指淮扬菜，淮阳指的是扬州、淮安一带。江浙是指苏南、浙西一带，这两个地方在北京经商、求官的人特别多，这一带的士大夫口味要求也特别高，他们可以自己设计菜肴，北京的厨师也多以能"包办南席"这样来标榜，只要能包办南席，就证明厨艺特别厉害。这个可以从《乡言解颐》里看到相应的一些记录。

3. 谭家菜

对北京菜影响比较深的第三种菜是谭家菜。谭家菜吸收了满汉等民族饮食精华，属于宫廷风味，在粤菜基础上采纳了各地风味之长形成了谭家菜，也为北京菜带来了光彩。谭家菜是清朝后期著名的官府菜，主要出自清末官僚谭宗浚。清代的时候，它是谭宗浚的家传筵席，民国时期，主要是经营菜馆，对外销售了谭家名菜，如黄焖鱼翅、清汤燕菜、蚝油紫鲍、扒大乌参、黄酒焖鸭、银耳素烩等，这些都是谭家菜的代表菜。

4. 清真菜

第四个对北京菜影响比较大的是清真菜。在七八世纪的时候，回族已经在北京定居，到了元代，回民食品开始在北京普及，并与汉族的食品相互影响和学习，渐渐地就适合了北京人的口味，成为北京人饮食中不可缺少的组成部分。许多回民的餐馆在北京安家落户，并不断地吸取山东菜和南方菜的长处，发展成以口味清鲜、汁芡稀薄、色泽明亮为特色的北京风味，深受北京人的青睐。清末民初的文兴堂、又一村、同和轩、庆宴楼、东来顺、西来顺、又一顺等，都是北京清真馆中的佼佼者。

三、宫廷菜对京菜的影响

清朝统治者在关外，主要是食猪肉，其烹调技艺以烧、烤、煮为主。北京菜自清朝以来，猪、羊并重，受到满族食俗的影响，烤乳猪、烧小猪以及"砂锅居（用砂锅烹煮猪肉）"，还有利用动物下水制作的各种名菜，最初是为了适应满族人需要，而逐渐被北京人所接受。北京是金、元、明、清的都城，很早就成为全国政治、经济、文化中心，北京风味也继承了明清宫廷菜肴的精华，形成了自己的特色。宫廷菜源自民间，进入皇宫以后，选料和加工更加精细，菜式、餐具、用具等方面又增加了浓厚的皇宫色彩。1925年，由原清宫御膳房的几位师傅开办了仿膳饭庄，所出品的宫廷菜代表品种主要有芸豆卷、千层糕、抓炒鱼片、炸春卷等。

四、新时代北京菜

中华人民共和国成立以后，北京菜也逐渐进入了繁荣兴盛时期，北京人口激增，全国各地来北京定居的人口占相当大的比重，他们带来了各地区的饮食习俗，这是我国各地饮食食俗空前的大融合。当今的北京风味会集了外省烹饪技术的精华，加之与世界各国的交往更是以雍容大度的气派，兼收天下美食，中华人民共和国成立以后批判地继承和发扬了祖国的烹饪技术遗产，使北京菜在原有的基础上，又有了新的提高和发展，并创新了许多受到群众欣赏的新菜品，比如酥炸鸭卷、瓢牛尾等。在制作方法上精益求精、选料广泛、刀法讲究、烹调细致、造型美观，并且注意营养和卫生，使菜肴具有了新的特色，京菜如同北京在中国的地位一样，是万流归宗之处，并且有兼收并蓄之胸怀。从小吃到大餐乃至整桌宴席都有其他菜系不能企及的地方。京菜不追求怪诞，善于把平凡普通的食物原料加工成美味的菜肴，口味也易于为一般人所接受。京菜是我国非常有代表性的菜系。

第三节　北京菜代表性菜肴

一、京菜里的传统菜

北京本地传统菜及风味小吃是北京菜的重要组成部分，北京本地传统菜多用猪、牛、羊为主要原料，味厚汁浓，肉烂汤肥，其代表品种有虎皮肘子、干扣肉、一品方肉、爆牛肉等。北京烤鸭、烤肉、涮羊肉，还有黄焖鱼翅、全羊席、全鸭席、全蟹席等，都是北京本地的传统菜。

二、京菜里的创新菜

除了以上传统的名品之外，北京菜还涌现出了许多创新的品种，具有代表性的创新菜肴，主要有扒驼掌、蚝油鸭卷、火燎鸭心、酸辣虾球、拔丝火龙果等，具有代表性的创新面点，像水晶桃花饼、珍珠枣泥柿、奶油蝴蝶酥等，都是后期的创新菜品。

三、北京菜特色菜品

1. 北京烤鸭

北京烤鸭是具有世界声誉的北京著名菜式。烤鸭起源于中国南北朝时期，在《食珍录》中已经有记录，当时是叫炙鸭。与北京烤鸭有着直接渊源的烤鸭法，是明朝才出现的。1368 年，朱元璋称帝，建都南京。当时，宫廷已有烤鸭，采用焖炉烤制，多选用体型瘦小的南京湖鸭，烤出的鸭子叫"金陵片皮鸭"。相传朱元璋对烤鸭的喜爱，达到了"日食烤鸭一只"的地步。御厨们为了讨好皇帝，研制出了多种烹饪方法，这就为以后的焖炉烤鸭和挂炉烤鸭的形成打下了基础。明成祖朱棣迁都北京后，把宫廷御厨烤鸭法从南京带到了北京，鸭坯也由原来的南京湖鸭变为北京填鸭。

北京烤鸭是宫廷食品，用料是优质的肉食鸭。把北京鸭用果木炭火烤制，色泽红润，肉质肥而不腻，外脆里嫩。北京烤鸭主要分两大流派，挂炉烤鸭和焖炉烤鸭，不管是挂炉烤鸭还是焖炉烤鸭，烤鸭的色泽红艳，肉质细嫩，味道醇厚，肥而不腻，从而被誉为天下美味，也是北京的城市名片。

2. 涮羊肉

涮羊肉还有人称之为羊肉火锅。它起始于元代，兴起于清代，原来是北方少数民族的吃法，在辽代墓壁画中，就有众人围火锅吃涮羊肉的这个画面。早在 18 世纪，康熙、乾隆二帝所举办的几次规模比较宏大的"千叟宴"，其中就有羊肉火锅，然后流传到市井由清真馆经营。

时至今日，涮羊肉已经传播到全国各地，北京城也遍地都是涮羊肉店，但名气最大的还是老字号东来顺。东来顺创建于 19 世纪，是北京饮食业老字号中享有盛誉的历史名店。东来顺在北京有好多店面，最著名的是位于前门步行街上的这家老店，店铺是一座老门大院，古朴典雅，餐桌上的景泰蓝铜锅有着浓浓的宫廷色彩。

3. 乌鱼蛋汤

国宴上的乌鱼蛋汤曾经被誉为钓鱼台台汤。乌鱼蛋是雌墨鱼的产卵腺。清康熙五十四年（1715 年）的《日照县志》中曾经记载："乌贼鱼口中有蛋，属海中八珍之一。"可见当时的乌鱼蛋，就已经是贡品级别的海珍了，清代诗人以及美食家袁枚在《随园食单》中记录了该菜的制法："乌鱼蛋最鲜最难服侍。须河水滚透，撇沙去臊，再加鸡汤蘑菇煨烂。"这个菜冬食去寒、夏食解热，目前，国内销售的乌鱼蛋主产地在山东日照。

4. 谭家菜的汤

谭家菜的清汤燕窝和黄焖鱼翅两道菜是珍宝中的明珠，谭家菜在高档干货食材的处理上有自己的独门秘籍，这个跟谭家菜的汤是脱不开关系的。"厨师的汤，唱戏的腔。"这句话说的就是谭家菜的高汤和谭鑫培老先生的唱腔，谭家菜的黄汤是千百年来独一份的珍馐。这入汤的鸡一定要用自己觅食的走地鸡，只有皮紧、皮薄、皮下有黄油的走地鸡，才能煨得出鲜美异常的谭家汤。

5. 京酱肉丝

京酱肉丝是大众比较喜欢的也是常见的一款菜品。它是一道传统的京菜，选用猪瘦肉为主料，辅以甜面酱、葱、姜以及其他调料，用北方特有的烹调技

法，六爆之一的酱爆技艺烹制而成，京酱肉丝是北京烤鸭的替代品。有一个传说，在20世纪30年代的时候，北京紫禁城的东北方四里左右的一个大杂院里，有一个原籍东北的老汉，带着孙子相依为命靠做豆腐为生。有一次他带孙子去送货，小孩都比较嘴馋，他看到别人在吃烤鸭，就想着肯定特别美味，回来总闹着爷爷要吃烤鸭，爷爷心想哪有钱带孩子去吃烤鸭。但爷爷特别聪明，自己家里就做豆腐，于是，他就做了一些豆腐皮，相当于烤鸭里的荷叶饼，然后用豆腐皮，卷点葱丝、菜，再加点肉丝，结果孩子吃完说："哦，原来烤鸭这么好吃。"久而久之，这个菜慢慢地演变成了现在耳熟能详的京酱肉丝。

6. 抓炒鱼片

抓炒鱼片是北京仿膳饭庄的厨师，按照清朝宫廷御膳房的抓炒技法烹制出来的一道名菜，这款菜肴外观色泽金红，外脆里嫩，名油亮灸，入口香脆，无骨无刺，有酸甜咸鲜的味道。据说有一次慈禧太后用膳的时候，在面前许多道菜里，独独挑中了一盘金黄油亮的炒鱼片，觉得分外地好吃，她把御膳房的厨师王玉山叫到跟前问他这是什么菜，王玉山也特别聪明，他说"抓炒鱼片"。从此抓炒鱼片这个菜就成为御膳必备之菜了。

7. 炙子烤肉

北京烤肉是北京著名的特色菜肴之一。北京烤肉做工精良，首先把肉剔除肉筋，然后放在冷库或者是冷柜内冷冻，将肉切成薄片腌制入味，烤肉炙子烧热以后，一般能达到280℃，然后把肉放在炙子上烤熟即可。说到炙子烤肉，首先想到了南宛北季，南宛指的是烤肉宛，主要是烤牛肉。东余先生《旧时竹枝词》里曾经说过："安儿胡同牛肉宛，兄弟一家尽奇才，切肉平均无厚薄，又兼口算数全该。"炙子烤肉的北季是烤肉季。主要是烤羊肉，清朝佚名曾经有一个《赞烤肉季》的竹枝词："银锭品味烤肉时，数里红莲映碧池，好似天香楼上坐，酒澜人醉雨丝丝。"由此可见，南宛北季在北京有着悠久的历史，也是老北京人生活中的美味佳肴。

第四节　北京菜的特点以及代表的餐馆

一、北京菜基本特点

1. 用料广泛

北京菜的基本特点，第一个是用料广泛。北京地处华北平原的北部，盛产粮油，六畜兴旺，西北依山盛产干鲜果品，加上作为政治中心的特殊地位，北京拥有种类丰富繁多、品质优良的食品原料，猪、牛、羊、鸡、鸭、鱼等肉类以及瓜果蔬菜等原料应有尽有，因而北京菜使用的原料非常广泛。此外，相对于其他著名的地方风味流派而言，北京菜使用羊肉原料所占的比重比较大，清代乾隆年间制作"全羊席"时，常用羊的各个部位，做出100多种美味菜肴。

2. 调味咸淡清鲜

北京菜的第二个特点是调味淡咸兼清鲜。北京菜汲取了全国主要地方风味流派，尤其是山东风味的特长，继承了明清宫廷肴馔的精华，其口味以淡咸为主，兼有清鲜脆嫩，并讲究形色美观、营养平衡，如食用北京烤鸭时，一定要配上葱丝、甜面酱、荷叶饼等，使其皮脆肉嫩、油而不腻，鲜香，味美。

3. 成品古朴、庄重、大度

北京菜的第三个特点是成品古朴庄重而大度。北京菜具有庄重的气质，这在传统大菜上表现得最为明显，北京烤鸭、仿膳宫廷菜、谭家菜、北京涮羊肉等大菜制作的时候，用料讲究，制作精细，调味方法、进食方式都别具一格，这些都呈现出京味庄重的艺术气质。以北京大董烤鸭店为代表的一些新字号的餐厅，融会了中西饮食文化于一体制作的中国菜，充分显现出了大度的气质。

二、北京菜代表性餐馆

1. 北平居菜馆

北平居菜馆的装饰是老北京风格，八仙桌、太师椅，非常气派，菜式主要

是老北京的小吃，品类一应俱全，有老北京炸酱面、褡裢火烧、豆汁、焦圈、麻豆腐、锅塌等，处处透出老北京的味道。

2. 局气

局气是一家非常有特色的北京菜餐厅，人气高，店里的环境好，老街坊胡同门牌还有装饰，处处都透着老北京的风韵。主打创意北京菜，局气豆腐、兔爷土豆泥等。

3. 京味斋

京味斋创立于 2003 年，主要以京味菜为主，自主创立了京味斋、泰合院、六合顺等品牌。京味斋主要以京味菜为主，京味小吃为特色，其他菜系为辅助的多元化经营模式。主要菜品有麻豆腐、芸豆卷、京味羊肉、宫保鸡丁、芥末墩、牡丹烤鸭等。

4. 南门涮肉

南门涮肉创立于 1994 年，主营老北京传统清真特色涮肉。因总店位于南二环天坛公园南门，故被消费者亲切称为"南门涮肉"。南门涮肉曾被评为北京餐饮 50 强企业、北京餐饮十大品牌、北京十大火锅宴等。南门涮肉（前海店）是老城区里一处非常传统的四合院，浓浓的老北京风情，用的是自家牧场牛羊肉，味道鲜美，坐在四合院儿里，品味着老北京火锅，享受老北京饮食文化带来的美好用餐体验。

5. 那家小馆

那家小馆是北京一处著名的宫廷菜馆，店的门面并不是特别豪华，也是不起眼的青砖红门，但是里面却非常有味道，古色古香的装修、木质的桌椅、青瓷的餐具到处都透着一股传统的味道。宫廷菜菜品特别精致，皇坛子、秘制酥皮虾等，都是店里的招牌菜，味道不俗。

6. 锦馨豆汁店

锦馨豆汁可溯源至清末回民所创的"豆汁儿丁"。归入便宜坊集团旗下后，进行了一系列老技艺恢复，现在的制作不仅节省人工，还能精确控制时间及其他各环节指标，使风味和营养同时得到了更高保证。1997 年，豆汁被认定为"中华名小吃"。北京豆汁制作技艺（锦馨）被列入北京市级非物质文化遗产名录。

7. 小吊梨汤

几乎在北京的每个区都有小吊梨汤的店，主营老北京特色胡同私房菜，打造、传承老北京味道，小吊梨汤是很多老北京人喜欢的美食，紫铜的小吊壶里是煮好的甜而不腻、清肺化痰的梨汤，非常有味道，这里有各种老北京味儿十足的创意菜，如干酪鱼、梨球酥皮虾、竹荪捞饭等都是店里的必点菜。

8. 印巷小馆

印巷小馆位于南锣鼓巷旁的菊儿胡同，是一处京味创意菜馆。餐厅的环境古色古香，招牌也很复古。招牌菜主要有甜汁爆虾、咖喱鸡、小豆凉糕、梨汤等，味道很不错，并且价格比较平民化，性价比非常高。

9. 厉家菜

厉家菜是坐落在后海羊房胡同里的一家小餐馆，但这家几乎是北京名气最大的餐馆之一，这里是清朝同治光绪年间的内务府大臣厉子嘉后裔的私房菜。厉子嘉是清朝的内务府都统，深受慈禧的信任，御膳房每天的菜单都由他审批，看过的菜谱他都牢记在心，回家后一一记下，晚年整理出了一套菜谱，现在的厉家菜的主人叫厉善麟，是首都经贸大学的退休教授，美国前财政部长鲁宾、英国前首相梅杰等都光临过这里，金庸、梅葆玖、成龙等国内名人也曾经是厉家菜的座上客，由此可见厉家菜的独到之处。

10. 花家怡园

花家怡园成立于 1998 年，历经十余年努力，已经发展成为一家拥有多家分店和会所的大型餐饮集团。

花家怡园传播京味文化，以"人无我有、人有我精、取长补短、自立门户"的经营理念，潜心研究，创制出兼容南北菜系所长，更适合当今北京人口味的新派北京菜肴——"花家菜"。花家菜口味以咸为主，有辣不多、有油不腻、有汁不浓；配菜讲究荤素结合、营养全面。花家招牌菜八爷烤鸭，更是由董事长花雷先生创意，经多次研发，以提前腌制入味，改变佐料，改变口味，形成了与传统烤鸭口味截然不同的烤制菜肴。

花家菜以北京口味为主，兼顾各地不同的饮食习惯和口味特点，吃起来既符合北京人的胃口，同时也能够满足来自不同地域的人不同口味需求。花家菜

以"老北京名片"之称的四合院为主基调，将中国传统文化巧妙地融入"吃"的文化中来。

单元测试

一、单选题

以下属于典型北京菜的菜品是（　　　）。

A. 水煮鱼　　　　　　　　　　　B. 麻婆豆腐

C. 涮羊肉　　　　　　　　　　　D. 糖醋里脊

二、判断题

1. 我国有多种菜系，如八大菜系、十大菜系等。（　　　）

2. 北京东南部分是华北平原的一部分，西部和北部属于太行山和燕山山脉。（　　　）

三、多选题

1. 菜系形成的条件有（　　　）。

A. 城市的繁荣　　　　　　　　　B. 技艺高超的厨师

C. 消费者　　　　　　　　　　　D. 美食家

2. 对北京菜影响较大的是（　　　）。

A. 山东菜（鲁菜）　　　　　　　B. 淮扬菜

C. 江浙菜　　　　　　　　　　　D. 川菜

作业

写出一种你吃过的北京菜，并撰写100字左右的感受。

课堂讨论

1. 北京菜与其他菜系比较有什么具体的特点？

2. 除了课上所讲的北京菜之外，你还知道哪些北京菜？

第四单元　单元测试答案

一、单选题

C

二、判断题

1. √　　2. √

三、多选题

1. ABCD　　2. ABC

第五单元

老字号饭庄的旧时今日

第一节 老字号饭庄的认定

在本单元中，重点介绍认定为"中华老字号"餐饮企业的老字号饭庄，首先来了解一下"中华老字号"的认定条件。

一、中华老字号的概念

中华老字号是我国商业部在 20 世纪 80 年代陆续认定的老字号企业，由于每次认定的标准不够规范，所以商业部决定从 2006 年开始，对以前认定的中华老字号重新检查评定，并接受一批新企业申请参加评选。

2006 年，我国商务部颁布了《"中华老字号"认定规范（试行）》，在这个规范里对中华老字号做了界定：中华老字号是指历史悠久，拥有世代传承的产品技艺或服务，具有鲜明的中华民族传统文化背景和深厚的文化底蕴，取得社会广泛认同，形成良好信誉的品牌。

二、中华老字号的认定条件

在《"中华老字号"认定规范（试行）》中对于中华老字号的认定，提出了以下七个条件：

（1）拥有商标所有权或使用权。

（2）品牌创立于 1956 年（含）以前。

（3）传承独特的产品、技艺或服务。

（4）有传承中华民族优秀传统的企业文化。

（5）具有中华民族特色和鲜明的地域文化特征，具有历史价值和文化价值。

（6）具有良好信誉，得到广泛的社会认同和赞誉。

（7）国内资本及中国港澳台地区资本相对控股，经营状况良好，且具有较强的可持续发展能力。

三、中华老字号的认定方式

《"中华老字号"认定规范（试行）》中规定的中华老字号的认定方式如下：

（1）由商务部牵头设立"中华老字号振兴发展委员会"（以下简称振兴委员会），全面负责"中华老字号"的认定和相关工作。

（2）中华老字号振兴发展委员会下设秘书处、专家委员会。秘书处设在商务部商业改革发展司，负责振兴委员会的组织、协调和日常管理工作。专家委员会由各行业专家、法律专家、商标专家、品牌专家、企业管理专家、质量专家、历史学家等组成，主要负责"中华老字号"的评审，并参与相关工作的论证。

（3）原经有关部门认定的"中华老字号"要重新参加认定。从 2006 年商务部开展"中华老字号"认定工作起，截至 2018 年，北京共认定了 30 余家"中华老字号"餐饮企业。本单元将选择几家企业做一个具体介绍。

第二节　北京著名的老字号饭庄

一、全聚德

（一）全聚德的发展历史

全聚德始建于清同治三年（1864 年）。

全聚德的创始人是杨全仁，本名寿山，河北冀州人，17 岁时因逃荒来到京城。初到北京的他，从放养鸭子干起，学得了一手填鸭和屠宰鸡鸭的技术。继而做起了生鸡生鸭的买卖。1864 年，前门外肉市胡同有一家名叫"德聚全"的干鲜果铺，由于经营不善，濒临倒闭。精明的杨全仁抓住机会，倾其所有，盘下了这家店，将"德聚全"三字倒过来，立"全聚德"为新字号。

1952 年 6 月 1 日，全聚德成为北京市首批公私合营单位。合营时，全聚德（私方）资本为旧币壹亿陆仟捌佰万元（合现币 16800 元），与其合营的北京市商业局信托公司（公方）投资旧币壹亿陆仟捌佰万元（合现币 16800 元），至此全聚德资本之雄厚超过了建店以来的任何一个时期。

1993 年，集合全国"全聚德"品牌企业组建了中国北京全聚德烤鸭集团；1994 年，由全聚德集团等 6 家企业发起设立了北京全聚德烤鸭股份有限公司；2003 年，与北京华天饮食集团共同组建聚德华天控股有限公司；2004 年，与首旅集团、新燕莎集团实现战略重组，形成了拥有全聚德、仿膳饭庄（创建于 1925 年）、丰泽园饭店（创建于 1930 年）、四川饭店（创建于 1959 年）四大知名餐饮品牌的大型餐饮集团，并更名为"中国全聚德（集团）股份有限公司"；2007 年，"全聚德"在深交所挂牌上市，成为中国资本市场上为数不多的餐饮上市公司。

全聚德历经风雨沧桑，在创业、发展过程中，形成了一套传承百年的老生意经——"鸭要好，人要能，话要甜"。这是前辈全聚德人留下的宝贵经验，按照现代的解释：鸭要好指的就是烤鸭和菜品的质量要上乘，人要能就是餐厅厨房各岗位的管理要到位，话要甜就是服务要达到高标准，这九个字体现着百年老店把商德和人的品德作为一切行为规范的基础，修德兴业、传承永续的经营理念。

全聚德集团倾力传承全聚德、仿膳、丰泽园、四川饭店餐饮品牌文化，博采众长，联合发展，连续十年位居"中国餐饮百强企业"。"全聚德烤鸭技艺"和"仿膳（清廷御膳）制作技艺"被认定为国家级非物质文化遗产。"全聚德全鸭席制作技艺"和"丰泽园鲁菜制作技艺"被认定为北京市区级非物质文化遗产。"前门全聚德烤鸭店门面"被列为"北京市文物保护单位"。

近十几年来，全聚德集团服务于多国元首、各界知名人士及国内外游客，多次作为国宴，为国家外事活动服务，2008 年北京奥运会期间被准入提供奥运食品；2010 年，圆满完成上海世博会服务任务；2014 年，为亚太经合组织（APEC）第二十二次领导人非正式会议提供烤鸭服务；2016 年，全聚德烤鸭作为"体育训练局国家队运动员备战保障产品"，成为备战奥运运动员餐厅指定食品；2017 年为第一届"一带一路"国际合作高峰论坛的各国首脑提供工作午宴服务；2018 年圆满完成中非合作论坛北京峰会的服务保障工作；2019 年为第二届"一带一路"高峰论坛圆桌峰会午宴奉上了鲁菜经典菜肴。

全聚德前门店如图5-1所示。

图5-1　全聚德前门店

全聚德食品产业拥有全聚德仿膳食品公司和全聚德三元金星食品公司两大生产基地，目前已形成肉类产品、面食类产品、调味品、鸭熟食四大产品系列和年产500万只鸭坯的强大生产线，年产值超过5亿元。

（二）全聚德的非遗技艺

1. 全聚德挂炉烤鸭制作技艺

清同治三年（1864年），全聚德聘请原清宫御膳孙师傅掌炉，开始经营清宫挂炉烤鸭。全聚德选用的是经过填饲的北京鸭，填鸭鸭体美观，肌肉丰满，肥瘦分明，鲜嫩适度，不酸不腥，是制作烤鸭的首选食材。烤出的鸭子丰盈饱满，色呈枣红，皮脆肉嫩，鲜美香酥，肥而不腻，瘦而不柴，为全聚德烤鸭赢得了"京师美馔，莫妙于鸭"的美誉。2008年，"全聚德挂炉烤鸭制作技艺"被列入《国家级非物质文化遗产名录》。

全聚德烤鸭使用的是挂炉。挂炉，是一种烧果木，有炉孔没有炉门的烤炉。将鸭子挂在炉梁上，用明火烤熟，烤制过程中要转动鸭体，通过多种燎烤技术，将鸭子烤熟且上色均匀。在烤制过程中，鸭子的皮下脂肪溢出，皮脆肉嫩，且带有果木香气。由于挂炉是无炉门的开放设计，烤鸭过程中，可以一面烤一面向炉里续鸭子。这种赶添赶续的操作，不仅节省了时间和燃料，而且减少了顾客的等候时间。

全聚德挂炉烤鸭技艺的传统工艺流程分为宰鸭、制坯、烤制、片鸭四大工序，包括30余道环节，且每个环节都有诸多讲究和操作窍门。这些绝招是全聚德烤鸭师的智慧和多年经验的结晶（图5-2）。比如：

图5-2　全聚德挂炉烤鸭制作技艺

开生：家禽的开生掏膛一般会选择背开、腹开、肋开等传统方法，很容易破坏坯鸭体外形。全聚德厨师选择在右翅下切一个3~4厘米的月牙形刀口，从此处将鸭内脏全部掏出，鸭翅自然下垂，既能防止漏气（上一环节往鸭体充气），又能很好地保持鸭体外形。

打色：打色就是用饴糖水浇淋鸭身，使鸭体上色，鸭子在烤熟后会呈枣红色。这个环节的关键点是饴糖水的勾兑比例，过浓，烤出的鸭子色黑味焦，过淡，烤不出枣红色，不诱人食欲。饴糖水的勾兑比例一年四季各不相同，阴晴雨雪也不一样，全凭老师傅多年的经验积累进行判断，非一日之功。

燎裆：燎裆是挂炉烤鸭独有的制作环节。因鸭的两腿肉厚，不易熟，加上鸭裆的位置又略低于炉门口的火苗，因此鸭裆部位不易上色和成熟，需要人工

燎烤。全聚德经验丰富的烤鸭师在燎裆环节已形成了独特的技法窍门，能够做到手快、腕活，转体及时，烤、燎、转交叉运用，使鸭体一来一去地在火焰尖上晃动，好似火尖上的舞蹈。这样烤出的鸭子色泽均匀，味美而香。

出炉：出炉前，要先鉴定鸭子是否已经烤熟。全聚德第三代烤鸭大师总结出"眼看、手掂、鼻闻"的六字经验，不用将鸭子从炉中取出，通过看烤制时间、火力强弱、鸭子颜色变化，借助鸭杆掂一掂鸭子重量变化等手段，便可做出准确判断。

2. 全聚德全鸭席

全鸭席是全聚德首创的，它的形成经过了一个较为漫长的过程，由最初简单的鸭四吃，到菜肴品种逐渐增多的全鸭菜，再到冷热面点具备的全鸭席，是几代全聚德名厨的智慧结晶。2008年，全聚德全鸭席制作技艺被列入北京市崇文区（现为西城区）非物质文化遗产名录。

全聚德在创立之初是一家以售卖烤鸭为主的炉铺，为了调剂产品花样，同时表示童叟无欺的经营理念，除烤鸭外，全聚德将烤鸭片皮后较肥的部分切丝回炉做成鸭丝烹掐菜；将片烤鸭时流在盘子里的鸭油做成鸭油蛋羹；将片鸭后剩下的骨架做成鸭汤。这种"鸭四吃"的方式形成了后来鸭全席的雏形。清光绪二十七年（1901年）全聚德开始增加各式炒菜，并着重在"鸭四吃"的基础上发展各类鸭菜。全聚德的菜单上逐渐增加了以鸭心、鸭肝、鸭舌、鸭掌等为食材的菜肴，并将这类菜肴命名为"全鸭菜"。中华人民共和国成立前后，全聚德的全鸭菜品种已经发展到了几十种。随着全聚德的不断发展，多位名厨相继加入，他们将多种菜系特色和烹饪技法融入全鸭菜中，使全鸭菜在传承和创新中持续发展，逐渐形成了闻名中外的全鸭席。

全鸭席与全鸭菜的不同之处在于，全鸭菜完全是以鸭为原料做的菜，全鸭席是以鸭为主要原料，加上山珍海味，经过精心烹制而成的珍馐荟萃的高档宴席。全聚德全鸭席菜肴以鸭为主料，包含鸭脯、鸭心、鸭肝、鸭胗、鸭肠、鸭掌、鸭膀、鸭血、鸭舌、鸭胰、鸭蛋，多达12种原料，最大限度地开发鸭身上的美味潜力。全鸭席在制作技法上涉及烤、炒、炸、烩、烧、扒、熘、蒸、煮、卤、爆、燎等多种烹调方法，最大限度地丰富了菜肴口味的多样性。如金银鸭血羹，融刀工技术、传统制汤技术、鲁菜酸辣口调味技术为一体，制作难度颇高。全鸭席原料多为鸭内脏，厨师通过综合运用多种独特的鸭肉处理方法和调味技术，很好地解决了内脏气味不佳的问题。

鸭全席发展至今，已有数百道菜肴可供客人选择，厨师会根据客人的需求和口味，提供宴席的菜肴搭配建议。像鸭包鱼翅、白扒三珍、鸭茸鲍鱼盒等著名大菜，因取料较为名贵、工艺精细，多出现在高档宴席上；如火燎鸭心、芥末鸭掌、盐水鸭肝、芝麻鸭方、金银鸭血羹等全鸭席经典菜肴，深受大众消费者欢迎；还有别具一格的各类面点，如小鸭酥、鸭丝春卷等，因其玲珑精巧、香酥美味，也为整个宴席增色不少。鉴于全鸭席制作工艺复杂，对技术要求较高，全鸭席仅在全聚德和平门、王府井、前门三家老店销售，"全鸭席贯标菜"作为特色菜肴系列，在全聚德所有门店推出。

（三）全聚德的特色菜品

1. 全聚德挂炉烤鸭

全聚德挂炉烤鸭对于原料有着严格的要求，全部采用北京填鸭。北京填鸭按照严格的质量标准进行喂养。烤制的时候采用的是宫廷烤鸭的技艺，是以果木为燃料，明火烤制。烤出来的鸭子香而不腻、回味无穷。在吃烤鸭的时候，再配上全聚德特制的甜面酱，还有优质的大葱，用薄饼卷好之后食用。

全聚德挂炉烤鸭至今已销售超过2亿只。其精髓在于烤鸭皮上的一滴油，送达餐盘的烤鸭皮温度会保持在40℃以上，趁热咬下第一口，便可品出果木的香、鸭皮的酥，进而是嚼出那股清油，润润的滑到嗓子眼里回味无穷（图5-3）。

图5-3　全聚德烤鸭

2. 火燎鸭心

火燎鸭心的灵感源于一次偶然，20世纪50年代，全聚德名厨王春隆在煮鸭心时，一块鸭心正好掉在炉台火焰旁，被火燎到，没想到鸭心香味扑鼻，王春隆拿起来一尝，焦香透嫩，蘸点儿盐吃堪称妙品。经过两代大师的传承与创新，火燎鸭心已成为一道经典之作。火燎鸭心的出现，让中餐新添了火燎这一高难度技法，火候需要精准把握，多一分少一分，都会破坏口感（图5-4）。

图5-4　火燎鸭心

3. 芝麻鸭方

芝麻鸭方是全聚德全鸭席中一道经典菜品，也是一道宾客点击量过万的招牌菜。主料选用北京填鸭，洗净鸭胸脯肉后加入绍兴黄酒、精盐、十三香、葱、姜等进行腌制。待24小时后挂钩打糖色进行烤制，烤好的鸭坯自然冷却，改刀成形，再将虾茸、荸荠碎等调味品制成虾馅，抹在鸭肉上。最后沾上芝麻，温油下入鸭方浸炸。整个过程经过腌、晾、烤、脱骨、炸制、改刀等多道工序，因此才有了芝麻鸭方入口后的皮酥肉香、咸鲜适口（图5-5）。

4. 金银鸭血羹

金银鸭血羹作为全聚德鸭全席中的一员，有着与众不同的特点。在研发这道菜时，老师傅们以全聚德独有的鸭血与文思豆腐的技法相结合，创出了以鲜鸭血、内酯豆腐和灵芝菇结合，并配以清汤调味的菜肴佳品。金银鸭血羹最绝的是刀功，鸭血、内酯豆腐、灵芝菇需要切成如发丝般的细丝，不碎不断，均匀整齐。此外，调配的高级清汤也是小火慢煮，反复吊制而成（图 5-6）。

图 5-5　芝麻鸭方

图 5-6　金银鸭血羹

二、北京饭店谭家菜

谭家菜是北京饭店主营官府菜的特色餐厅（图 5-7）。

图 5-7　谭家菜招牌

　　"谭家菜"始创于清朝末年，创始人是谭宗浚。"谭家菜"吸收、继承了中国餐饮文化之精髓，历经百年沧桑，于 1958 年在毛泽东主席、周恩来总理的关怀下，引进北京饭店。历经几代传人的潜心钻研、继承与创新，"谭家菜"得到了长足的发展，屹立于中华高档餐饮界之巅。"谭家菜"品牌在市场经济的促使下，逐渐发展壮大。深受各国首脑及中外旅客的喜爱，拥有享誉世界的知名度和广泛美誉度。

（一）谭家菜的发展历史

　　谭家菜始创于清末官僚谭宗浚家中，谭宗浚一生酷爱珍馐美味，从他在翰林院中做京官的时候起，就热衷于在同僚中相互宴请。谭宗浚在宴请同僚时，总要亲自安排，菜肴精美适口，赢得同僚的一致赞扬，在当时京官的小圈子中，谭家菜颇具名声。谭宗浚之子谭瑑青讲究饮食，更甚其父。清朝末年，一般官宦人家都热衷于广置田产，唯独谭家父子仍然刻意饮食。谭家的女主人都善烹调，为了不断提高烹饪技艺，他们经常不惜重金聘礼京师名厨，在烹调过程中学习技术。久而久之，谭家不断吸收各派名厨之长，成功地将南方菜（特别是广东菜）同北方菜（特别是北京菜）结合起来，精益求精，独创一派。

　　谭家菜形成初期，完全是以一种家庭菜肴的方式存在，但是后来谭家落败，谭家菜才逐渐进入社会。开始的时候，谭家菜只在晚上举办宴会，每次只办两三桌。后来，中午也需要举办宴会，仍然供不应求，预订往往要排到一个月以后。那时，吃谭家菜有一个条件，就是请客时要连谭家的主人一并邀请在内。不管就餐者与谭家是否相识，都要给主人谭瑑青设一个座位，摆一双筷子，谭瑑青也总是要来尝上几口，表示"我这里并不是饭馆"，以此维护自己的面子。此外，吃谭家菜还有一条不成文的规矩，就是无论客人有多高的权位，都需亲自到谭家去吃谭家菜，谭家概不出外会。

"民国"初年，随着谭家菜流入社会，越来越多的人被其独具一格的美味吸引，谭家菜名声大噪。谭瑑青的名字也被人们按谐音戏称为"谭馔精"。谭瑑青虽然被称为"谭馔精"，但其本人并不上灶台烹调。谭家菜的真正烹制者，历来是谭家的女主人及为数不多的几位家厨。谭家菜能够流传至今，要归功于谭家后期的三位家厨：擅长做冷菜的崔明和、擅长做点心的吴秀金以及烹调厨师彭长海。尤其是彭长海，从 17 岁就在谭家菜帮案，全面掌握了谭家菜的烹饪技术，对于谭家菜的继承、发展和流传，做出了极大贡献。

1958 年，在周恩来总理的亲自建议下，"谭家菜"全部并入北京饭店，成为北京饭店拥有的川、广、淮、谭四大名菜之一。随着旅游事业的蓬勃发展，谭家菜受到越来越多国内外游客的欢迎。2014 年，谭家菜制作技艺被列入北京市非物质文化遗产名录。

（二）谭家菜的饮食文化特色

谭家菜甜咸适口，南北均宜。在饮食界素来有"南甜北咸"之说。而谭家菜在烹调中往往是糖、盐各半，以甜提鲜，以咸提香，做出的菜肴口味适中、鲜美可口，无论南方人、北方人都喜欢。

1. 选料精细

谭家菜以烹制燕翅席为主，选料时，鱼翅必选"吕宋黄"，这是一种产于菲律宾的黄肉翅，翅中有一层像肥镖一样的肉，翅筋层层排在肉内，胶质丰富，质量最佳。燕窝一般选用"暹罗官燕"，这种燕窝在古代为贡品，其色洁白而透明，燕毛绝少而无根，是各类燕窝中的上品。在选用海参时，谭家菜最为讲究，使用的是大乌参（又称开乌参），其次有梅花参、刺身等。

2. 刀工精美

谭家菜的两道著名的代表菜"柴把鸭子""葵花鸭子"就是以刀工精美而

著称，鸭子要改成1厘米宽、6厘米长的长方条，冬菇、冬笋、火腿要切成7厘米左右的长方条备用，最后还要配以谭家菜独有的胡萝卜叉作为装饰。

3. 汤味醇厚

谭家菜的汤汁，分为浓汤和清汤两种。在调制浓汤时只选用三年以上散养、自己觅食的老母鸡及老鸭，并配以干贝等名贵原料制作而成。所以，谭家菜的浓汤口味醇厚、汤汁金黄。谭家菜的清汤是以特殊手法吊制而成，其特色为汤清如水、色如淡茶，入口清甜、回味悠长。

4. 风味独特

谭家菜在口味上的风味特点，是讲究原汁原味。烹制谭家菜很少用花椒一类的香料炝锅，也很少在菜做成后，再撒放胡椒粉一类的调料。吃谭家菜讲究的是吃鸡就要品鸡味，吃鱼就要尝鱼鲜，绝不能用其他异味、怪味来干扰菜肴的本味。焖菜则绝对不能续汤或兑汁，否则，便谈不上原汁了。谭家菜另一风味特色是冷菜热吃，代表菜有酒烤香肠、叉烧肉等，尤以酒烤香肠最出名，这道菜需用封存五年以上的茅台调制，口感醇香。当年谭家菜享誉京城的还有两道特色美点：松软香甜的"麻蓉包"（图5-8）、酥脆可口的"炸酥盒"（图5-9），都是社会名流、美食家所喜爱的菜肴。

图5-8　麻蓉包

图5-9　炸酥盒

5. 绿色食品

谭家菜所选用的原料，以干发的海产品为主，在涨发的过程中都是依靠员工平时积累下的经验以及双手来感觉、观察、控制火候的大小，水温的高低以掌握涨发的过程、程度，绝对不会添加任何的化学、化工原料，以提高海产品的出成率。谭家菜在烹制普通菜肴时也从不添加味精、色素、膨松剂一类的食品添加剂。

（三）谭家菜的价值体现

"谭家菜"历史悠久、餐饮文化内涵丰富、底蕴深厚，具有较高的历史价值、文化价值、营养价值。

1. 历史价值

谭家菜又被称为"榜眼菜"，它出自清末官僚谭宗浚家中。谭家菜是官府菜中唯一流传至今的突出典型，是中华民族餐饮文化的一朵奇葩。从研究中国烹饪历史发展角度来说，谭家菜为社会提供了一份研究清代官府菜的极有价值的材料，在不断的继承、发展、创新中为今天的餐饮业做出了突出的贡献。

2. 文化价值

20 世纪三四十年代，谭家菜在北京就已享有盛誉。《四十年来之北京》一书中曾说"谭家菜的声光，真了不得，是可算得故都风光最后一段精彩"。那时报刊上赞美谭家菜的文章中曾有"其味之鲜美可口，虽南面王不易也"的评价。随着谭家菜逐渐流入社会，越来越多的人被其独具一格的美味所吸引，谭家菜于是名声大噪，味压群芳。以至于一度曾有"戏界无腔不学'谭'（指谭鑫培），食界无口不夸'谭'（指谭家菜）"的说法。当时有人做了一首《谭馔歌》，其歌首句为："璆翁饷我以嘉撰，要我更作谭馔歌。璆馔声或一扭转，尔雅不熟奈食何。"

中华人民共和国成立以后，谭家菜开始走向世界，成为我国领导人款待各国首脑及嘉宾的一方佳肴。贵宾都对谭家菜赞不绝口。作为中华美食精粹，谭家菜还曾多次应邀赴美国、德国、法国、新加坡、日本、中国香港、中国澳门等地表演，为中华美食带来了巨大的声誉。

谭家菜是劳动人民智慧的结晶，是许多厨师的烹饪经验在谭家厨房里荟萃的产物，是一笔珍贵、独特的文化遗产。

3. 营养价值

谭家菜以经营干发的海味为主，所用原材料具有丰富的营养价值和保健食疗功效。以下列出几种谭家菜的代表性原料。

燕窝：味甘性平、滋阴润燥、补肺养阴、补虚养胃、滋阴调中，能够使人皮肤光滑、有弹性。

海参：营养丰富，脂肪含量低，不含胆固醇。具有抗癌防癌、增强免疫力、抗血栓、降血糖、延缓衰老等功效。

鱼翅：味甘咸性平，可以益气、开胃、补虚。它还含有降血脂、抗动脉硬化等成分，具有很高的食疗功效。

（四）谭家菜的特色菜品

1. 黄焖鱼翅

黄焖鱼翅是谭家菜的一道名菜，这道菜的制作要点首先是底汤，要用鸡鸭吊出底汤，然后再焖入泡发的鱼翅，经过文火长焖完成制作。这道菜肴色泽金黄、汤汁醇厚、胶性十足、鱼翅软烂，汤汁浓而不腻、清而不薄，深受消费者的喜爱。由于动物保护的原因，这道菜现在多用鱼肚代替（图5-10）。

图5-10　黄焖鱼翅

2. 佛跳墙

佛跳墙也是谭家菜的特色菜品。将鱼翅、海参、鲍鱼等原料放入坛中，加上猪蹄、整鸡等作引焖煮，再用原汁小罐蒸沸，这道菜肴汤汁金亮浓郁，体现了鲁菜原汁原味的特点（图 5-11）。

图 5-11　佛跳墙

谭家菜还有下面一些特色菜肴，如蒜香扒裙边、乌龙踏青、谭家极品鲍、蟹柳扒鱼肚、至尊鱼翅捞饭、小枣炖乳鸽、问鼎天下等都是受到消费者喜爱的菜品（图 5-12~图 5-15）。

图 5-12　蒜香扒裙边

图 5-13　乌龙踏青

图 5-14　谭家极品鲍

图 5-15　从左至右依次为蟹柳扒鱼肚、至尊鱼翅捞饭、小枣炖乳鸽、问鼎天下

三、便宜坊烤鸭店

（一）便宜坊烤鸭店的发展历史

喜爱烤鸭的人都知道，北京烤鸭有"焖炉"和"挂炉"之分。挂炉烤鸭出现在清代，以"全聚德"为代表。焖炉烤鸭技术的出现则更为久远，其代表非"便宜坊"莫属。

最早的便宜坊烤鸭店，始建于明永乐十四年（1416年），位于宣武门外米市胡同14号（老门牌），至今已有600多年的历史了。

据传，最初店主人是跟随永乐皇帝由南京迁都来到北京的，他于明永乐十四年（1416年）开了一家小店，主要经营项目是宰杀活鸡、活鸭，进行初加工并出售，后来又增添了制作烧鸭、桶子鸡的经营项目。由于产品质量好，味道佳，生意日渐兴隆，光顾的客人越来越多，但人们并不知道小店的铺号名称，由于价格便宜，就称之为"便宜坊"。清代严缁生先生曾在《忆京都词》的注解中提道："京都米市胡同便宜坊之桶子鸡与烧鸭并称，其鸡色白而味嫩，嚼之可无渣滓，不知其用何烹法……"可见便宜坊制作的烧鸭和桶子鸡品质之高、赞誉之高。

清道光七年（1827年），便宜坊的老掌柜病故，他的儿子继续经营这家作坊，由于缺人手，他便叫来了隔壁馒头铺从山东荣成县来的孙子久来店里帮忙。孙子久聪明伶俐、为人老实、干活勤快，逐步掌握了店里的全部手艺，极受东家赏识。数年后，东家因故将作坊转给了孙子久。在孙子久的经营管理下，便宜坊的生意越来越好。到了清咸丰五年（1855年），由于产品供不应求，便宜坊向坊间发出一则启事：本坊自明永乐十四年开设至今，向无分铺。近因弊号人手不够，难为敷用，今各宝号愿意为合作者，尚乞垂赐一面洽商。若有假冒，当经禀都察院，行文五城都衙门，一体出示严禁。启事贴出之后，上门商讨合作的商户很多。店掌柜就与他们商议，由便宜坊派人到各店传授技艺，以技术和字号参股联营。

此后，在北京的市面上便出现了多家"便宜坊"。其中，在前门外井儿胡同就出现了一家以便宜坊的谐音命名的"便意坊鸡鸭饭庄"。1902年，便意坊又在鲜鱼口胡同开了一家店面，生意越做越红火，1906年以后，将井儿胡同的店面改为库房，对鲜鱼口的店面进行了改造扩建。北洋政府时期，由于军阀混战、经济衰败，几年后日本侵华，国都南迁，市场萧条，位于米市胡同的老便宜坊生意不振。据史料记载，1937年12月20日，"老便宜坊"向北京市商会——北平市饭庄同业公会宣布正式歇业并退会。

从清朝中期至"民国"初年，正是米市胡同的老便宜坊兴盛时期，也是鲜鱼口便意坊以及其他鸡鸭店刚刚创业的时期。从军阀混战至抗日战争时期，米市胡同的"老便宜坊"走向了衰败，而以鲜鱼口"便意坊"为代表的烧鸡、烧鸭店却走上了繁荣之路。此后，其各家店铺的发展状况也是各有起落，有的经营平顺，有的因故歇业。

　　1956年，便意坊鸡鸭饭庄参加了公私合营，从此在人民政府的扶持下，迎来了新的发展。"文化大革命"中，"便意坊"的牌匾以"四旧"的罪名被摘，改名为"新鲁餐厅"，其传统风味也大打折扣。改革开放后为了使"便宜坊"更有效地形成拳头品牌，崇文区商业部门决定将"便意坊"正式更名为"便宜坊"，并与崇文门外大街路东的"便宜坊"统称为"便宜坊烤鸭店"（图5-16）。

图 5-16　便宜坊烤鸭店

　　自恢复老字号以后，两家便宜坊均得到了很大发展。20世纪80年代至21世纪初，北京乃至全国经营焖炉烤鸭的餐馆仅有三家，即鲜鱼口便宜坊烤鸭店、崇文门便宜坊烤鸭店和东侧路的便宜坊烤鸭店（西号）。2002年6月6日，经当时的崇文区政府批准，北京哈德门饭店和北京先达饮食集团公司通过资产重组，改制成立北京便宜坊烤鸭集团公司。

　　现在的北京便宜坊烤鸭集团有限公司是国有控股餐饮集团。旗下拥有众多老字号餐饮品牌：建于明永乐十四年（1416年），焖炉烤鸭技艺独树一帜的"便宜坊烤鸭店"；建于清乾隆三年（1738年），乾隆皇帝亲赐蝠头匾的"都一处烧卖馆"；建于清乾隆五十年（1785年），光绪皇帝御驾光临的"壹条龙饭庄"；建于清道光二十三年（1843年），北京八大楼之一的"正阳楼饭庄"；建于清同治元年（1862年），以经营北京炒肝闻名的"天兴居"；建于 1910 年，以经营北京小吃著称的"锦馨豆汁店"；建于 1922 年，经营佛家净素菜肴的"功德林素菜饭庄"；建于 1926 年，以经营清真小吃著称的"锦芳小吃店"；经营宫廷风味的"御膳饭庄"；以经营上海菜为主的"老正兴饭庄"；以经营川味为主的，郭沫若先生为餐厅题写"力力"匾额的"力力豆花庄"；经营老北京特色小吃的"红湖小吃"等众多餐饮品牌。其中，便宜坊、都一处、壹条龙、天兴居、力力、锦芳是国家商务部认定的中华老字号。集团的成立为这些百年老店插上了腾飞的翅膀，注入了新的活力。

（二）便宜坊烤鸭店的非遗技艺

传统"焖炉烤鸭"的鸭炉是用砖砌成的地炉，大小约 1 立方米。在焖烤鸭子之前，先用秫秸将炉膛烧热，然后炉灰搂到炉子头，将鸭坯放在炉中的铁算上，关上炉门，靠炉壁的反射热和炭火的辐射热将鸭子烤熟。这种不见明火的烤鸭技术，对于掌握炉火温度的人要求很高，温度过高，鸭子会被烤煳，温度过低，鸭子则不熟。

2008 年，便宜坊焖炉烤鸭技艺列入了《国家非物质文化遗产名录》。便宜坊焖炉烤鸭的技艺有三绝，即闷炉特制技术绝、选鸭制坯技艺绝、烤制片鸭技艺绝。焖炉烤鸭在制作过程中，鸭子不见明火，烤出的鸭子呈枣红色，外皮油亮酥脆，肉质洁白细腻。

（三）便宜坊的特色菜品

便宜坊将周总理的精辟解释"便利人民，宜室宜家"确定为经营理念，履行"用心烹制健康，用情创造快乐"的企业使命，让每一位宾客在享受美食的同时，享受文化、享受时尚、享受健康、享受幸福。

在继承创新的基础上，"便宜坊"形成了以焖炉烤鸭为龙头、以鲁菜为基础、融各家菜系精华为一体的便宜坊菜系。便宜坊经营的"焖炉烤鸭"成为北京烤鸭两大流派之一，其特点是皮酥肉嫩、口味鲜美，又因其烤制过程中鸭子不见明火，保证烤鸭表面无杂质，而被誉为"绿色烤鸭"。

便宜坊创新推出的"花香酥"和"蔬香酥"烤鸭新品，因营养丰富、口味时尚，受到消费者的欢迎。

重新挖掘整理推出了盐水鸭肝、芥末鸭掌、葱烧海参、酒香醉鸭心、干烧鸭四宝、酥香鲫鱼、糟溜鱼片、烩乌鱼蛋汤等招牌菜，深受广大消费者的欢迎。

1. 花香酥烤鸭

花香酥系列烤鸭的研制开发补充了北京烤鸭在吃法、口味上的不足。制作中运用特殊工艺分别将莲子、名茶、红枣的营养成分浸入鸭内，使烤鸭味型独特并具有营养保健价值。莲香型烤鸭的味道极为清雅馨香，适合老人、青少年夏季食用。茶香型烤鸭味道清鲜爽口，独具健美作用，适合女士食用。枣香型烤鸭把枣的甜美与烤鸭的甘香融合，有极好的补益作用，冬季食用极佳（图5-17）。

2. 蔬香酥烤鸭

蔬香酥烤鸭工艺严格，用料讲究。鸭坯烤制前，选用该店绿色蔬菜基地的多种蔬菜以特殊工艺进行脱油、入味；烤制时，将配好的菜汁灌入鸭膛、入鸭炉形成外烤内煮之势，使烤鸭充分吸收菜汁的香气及营养，整只烤鸭从里到外充满蔬香，并达到酸碱平衡的效果（图5-18）。

蔬香酥烤鸭具有以下特点：一是酸碱平衡，通过特殊工艺用10种蔬菜将鸭坯脱油、入味，降低了烤鸭的脂肪含量；二是营养为先，鸭坯通过与菜汁融合，提高了蛋白质含量；三是除去腥味，鸭坯通过与菜汁融合除掉了烤鸭的禽腥味，凉后食之，效果更佳；四是口味多样，吃烤鸭时配以香椿苗、萝卜苗、薄荷叶、花叶生菜，满足了人们口味的需求。

图 5-17　花香酥烤鸭　　　　图 5-18　蔬香酥烤鸭

3. 香酥脱骨鸭

用七种中药熬汤，再加入 11 种调味品，将北京填鸭放到其中，腌制数小时之后，入焖炉烤制，烤制完成后再放入油锅中炸酥。这道菜味道鲜美、柔香酥骨、瘦而不柴。

四、同和居

（一）同和居发展历史

同和居始建于清道光二年（1822 年），是较早经营鲁菜的中华老字号，隶属北京华天饮食控股集团有限公司（图 5-19）。

图 5-19　同和居

同和居原是清道光年间一位沾亲皇室的王爷投资创办的。由于"大清律"明文规定，满族的八旗贵胄不许经商。这位王爷就暗中投资，雇用了山东福山南于家村人张祖述创办了"同和居"。

同和居创办之初，是家名气不大的小店，后来牟文卿接手同和居的生意，三顾茅庐请到了散落民间的御厨袁详福掌勺，袁师傅把当年御膳房的厨艺全部施展开来。一天，一位住在缸瓦市街的王爷前来吃饭，牟文卿遂请袁师傅精心烹制了"三不粘""贵妃鸡"等几个拿手菜，王爷没想到，这不起眼的小店竟

能做出如此好吃的菜，大加赞赏。从此小店生意有了转机，以"同怀和悦"为意，定下同和居的字号。同和居日渐盛名远播，生意也随之蒸蒸日上。

老北京的餐饮业素有"八大居"的说法，即同和居、砂锅居、泰丰居、万福居、福兴居、阳春居、东兴居、广和居。到了中华人民共和国成立前夕，仅存同和居、砂锅居。在同和居的发展历程中，1939 年是非常重要的一年。这一年，八大居中的广和居停业，广和居一大批厨师便加入了同和居，使得同和居的生意越发的红火，名声也越来越大，成为旧京城著名"八大居"饭馆之首，经营的菜点更丰富多彩，鼎盛时期能做四五百种菜。

中华人民共和国成立初期，同和居作为官僚资本企业于 1949 年 12 月被北京市"清管局"接管。经过几十年的不断发展，同和居现已发展成为北京华天饮食控股集团有限公司麾下一家集住宿、餐饮为一体的涉外二星级饭店。2007 年 6 月，"同和居鲁菜烹饪技艺"被列入西城区非物质文化遗产保护项目。

（二）同和居的烹饪技艺

同和居饭庄以经营山东福山帮风味菜肴为主。

山东菜分为胶东帮和福山帮两派。"福山帮"鲁菜是以烹制海鲜为特色，在烹饪手法上以原汤原味、清淡、鲜嫩为特色，烹饪技法以爆、炒、扒、氽等为擅长。

同和居的鲁菜烹调方法全面。爆、炒、烹、炸、溜、扒、氽、蒸、烩、烧、烤、炖、煎、煮、拔、腊、密、沽、熏、拌、炮、腌、卤、酱等无所不长。尤以善于烹制海味、河鲜著称，精于溜、爆、扒、炒、烩等烹饪技法。爆菜更有独到之处。同和居的"爆"法与其他菜系不同处是，采用急火速炒的方法，以突出菜肴本身鲜、香、脆、嫩的风味。"爆"法中又分为油爆、汤爆、葱爆、酱爆、芫爆等。

（三）同和居的特色菜品

同和居认为老字号传统菜是传家宝，绝对不能丢。同时，为适应现代市场需求，调整菜品结构，将过去单一的传统鲁菜调整为以鲁菜品种为主（占80%），辅以湘菜、粤菜（占 20%）的菜品结构。围绕传统鲁菜，经典湘菜、粤菜做好文章，精心研发、大胆创新，形成在继承、发展、壮大传统鲁菜的基础上，适度添加精品湘菜和粤菜的新格局。

同和居的名菜很多，其中三不粘、葱烧海参、贵妃鸡、烩乌鱼蛋、糟溜鳕鱼、全家福、干炸两样等都是同和居的镇店名菜和看家菜。烤馒头和银丝卷则是同和居传承和保留下来的精品面点。

1. 三不粘

三不粘原名软黄菜，目前是同和居最具特色的传统菜之一，原料十分普通，以鸡蛋黄做主料，将水、鸡蛋黄、白糖和绿豆粉按 4：3：2：1 的比例放入容器，搅拌后，倒入加油热炒锅中炒制，边炒、边搅、边放入熟油，经过300~400 次搅炒，要手不离锅、勺不离火，至蛋黄、水、糖、绿豆粉融为一体炒至状如凝脂，色泽金黄，形如蒲月，味香扑鼻，出勺即成。吃时一不粘盘、二不粘匙、三不粘牙，故名"三不粘"。现在三不粘又进行了改良，在原口味的基础上加入天然果汁，口感更加爽滑、甜而不腻，营养更加丰富，既是美味佳肴又是保健食品（图 5-20）。

图 5-20　三不粘

2. 葱烧海参

这道菜主料是刺参，辅料是山东的章丘大葱，烹制而成的葱烧海参色泽光亮，质地柔软、润滑，葱香四溢（图 5-21）。

图 5-21　葱烧海参

3. 糟溜鳕鱼

"糟"是山东菜特有调料。成品鳕鱼片薄厚均匀、肉质鲜嫩，口味少咸微甜，形如雪玉。这道菜早在 1996 年已被市烹协命名为"同和居四大名菜肴"之一。此外，同和居还以"鱼片、鸡片、笋片"为原料，制成"糟溜三白"，也受到顾客的喜爱（图 5-22）。

图 5-22　糟溜鳕鱼

4. 贵妃鸡

贵妃鸡是选用 1500 克左右的肥母鸡，加工洗净后先油炸至金黄，再用白开水洗去油脂，然后放入砂锅内，加入鸡鸭鲜汤、盐等调味料，上火炖烂，再加入葡萄酒、味精稍炖即成。这道菜肴味道鲜美、营养丰富，带有浓郁的酒香，因为菜体丰满，所以以贵妃来命名（图5-23）。

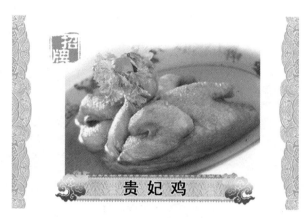

图5-23　贵妃鸡

5. 烩乌鱼蛋

烩乌鱼蛋选料讲究，必以"雌性乌鱼生殖腺中包藏的卵粒，精心去膜后，再撕成周边薄、中间凸的形状，再烹制"。成菜之精美、口感之鲜，堪称珍馐之精品（图5-24）。

图5-24　烩乌鱼蛋

6. 烤馒头和银丝卷

烤馒头是同和居的精品面点，由山东麦糟作引子发面，不用碱而放糖，经

蒸烤而成，外表焦黄，散发着诱人的面香味，使人食后唇齿留香（图5-25）。

银丝卷则是将面拉成龙须面，刷上油卷到发面里蒸好后烤制而成，外焦里松软（图5-26）。

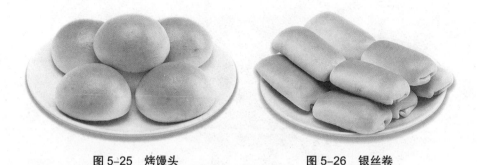

图5-25　烤馒头　　　　　　　　　　图5-26　银丝卷

五、柳泉居饭庄

（一）柳泉居饭庄发展历史

柳泉居饭庄始建于明隆庆年间（约1567年），距今已有450多年的历史。初建时店址在护国寺西口路东，1949年，店址迁至新街口南大街（图5-27）。柳泉居早年以经营自酿黄酒起家，是一家黄酒馆。店铺前面是三间门脸儿房，后面有一个院子，院内有一棵大柳树，树下有一口泉眼井，井水甜洌清澈，以此水酿制的黄酒醇香馥郁，享誉京都。清代有人写下诗句："京城柳泉居，黄酒味醇香；香惹八仙醉，醉倒神四双。"来赞美柳泉居黄酒。

柳泉居不光酒好，下酒菜也讲究。清代《陋闻曼志》称："故都酒店，以'柳泉居'最著，所制色美而味醇，然向不售碗酒。至若此酒店，更设有肴品，如糟鱼、松花、醉蟹、肉干、蔬菜，下逮干鲜果品悉备。"清代有"京城三居"之称，即柳泉居、三合居、仙露居，到了1935年仅存柳泉居一家。后来，柳泉居逐渐发展为以经营北京、山东风味菜肴为主的餐馆。

柳泉居在其发展过程中，不断取南北菜肴烹调技艺的特长，贴近北京人饮食风味的偏好，慢慢发展出独具特色的京味菜，逐渐发展成一家经营北京风味菜肴的特色饭庄。2007年和2009年，柳泉居京菜制作技艺先后入选西城区和北京市非物质文化遗产保护名录，目前隶属于聚德华天控股有限公司。

图 5-27　柳泉居

（二）柳泉居的特色菜品

柳泉居代表菜品有爆三样、拔丝莲子、万福肉、蛋黄焗雪蟹、炸烹虾段、全家福、柳泉居豆沙包等。

柳泉居饭庄经历几度变迁发展至今，形成了自己的风味特色。员工不断探索研究北京风味及其他风味菜肴的理论和实践，在保留传统菜肴基础上，不断发展创新。既有万福肉、葱烧灰参、炸烹虾段、糟溜鱼片、全家福等传统菜，又新添和引进了响油鳝糊、芫爆散丹、蛋黄焗雪蟹、干烧有机大黄鱼等几十种菜肴。柳泉居饭庄的面点以豆沙包系列为主，在京城深受顾客的喜爱。柳泉居重新引进了黄酒，形成了浓郁的黄酒文化和别具一格的京味菜品两大特色。

1. 爆三样

柳泉居烹制爆三样用料严格，原料选用新鲜的猪肚、猪肝和猪腰；刀工细致，三种片的大小薄厚均匀；火候讲究，油爆熟即出锅，卤汁紧抱，明汁亮芡（图 5-28）。

图 5-28　爆三样

2. 炸烹虾段

柳泉居在制作这道菜肴的时候，是以大明虾为主料，去头尾取中间的虾段，带皮炸制。烹制完成的炸案虾段外皮焦脆，肉质滑嫩（图 5-29）。

图 5-29　炸烹虾段

3. 葱烧灰参

葱烧灰参也是柳泉居的代表菜品。选择灰参作为主料，章丘大葱作为辅料，用柳泉居秘制的葱油和上等的花雕酒高汤煨制而成，口感软糯，鲜咸微甜（图 5-30）。

图 5-30 葱烧灰参

4.豆沙包

柳泉居豆沙包的制作选料与别家不同，采用的是天津红小豆，在豆沙制作的过程中，经过糗、筛、炒、晾等工艺加工而成，豆沙包的豆沙细腻如丝，面皮松软弹牙（图 5-31）。

图 5-31 豆沙包

六、丰泽园饭店

（一）丰泽园饭店的发展历史

丰泽园以经营鲁菜为主，丰泽取"菜肴丰饶，味道润泽"之意（图5-32）。

图 5-32　丰泽园

1930 年，北京"八大楼"之一的新丰楼名堂、名厨栾学堂、陈焕章辞职，并带走了 20 位师傅，在北京"八大银号"会长、同德银号经理、美食家姚泽圣扶持下，出资 5000 块大洋，选择珠市口济南春饭庄原址，开办了丰泽园饭店。由于餐厅选料精细，制作精良，菜肴色、香、味俱佳，很快就受到了京城食客的喜爱，生意越来越红火，从 1943 年开始，便陆续在上海、天津、开封、烟台、南京等地开辟分店。

中华人民共和国成立后丰泽园饭店的经营从未中断过，1952 年，丰泽园参加了公私合营。值得一提的是 20 世纪 50~70 年代丰泽园饭店筹办了"三个一百桌"的重要宴会。第一个一百桌是 20 世纪六七十年代的一次将军授衔仪式，第二个一百桌是"全国计划供应会议"，第三个一百桌是北京展览馆的庆祝仪式。那段时间里，丰泽园饭店还有两个别名：大众餐厅、春风饭庄。

2005 年，首旅集团、全聚德集团、新燕莎集团重组合并，丰泽园饭店进入首旅集团餐饮板块，隶属于全聚德集团，翻开了企业新的发展篇章。

2017 年，丰泽园饭店进行了企业改制，由全民所有制变更为有限责任公司，饭店发展更加适应市场变化和需求。

（二）丰泽园饭店菜点制作技艺的特点

1. 选料精细

丰泽园饭店注重选用有地方特色的原料，并严格选择。山东独特的地理条件为鲁菜烹饪提供了大量独具特色的原料。烟台苹果、莱阳梨、胶州白菜、章丘大葱、平度葡萄、莱芜姜等名产；沿海的刺参、对虾、鱼翅、乌鱼蛋、干贝、鲍鱼以及西施舌、天鹅蛋等名贵海产；莲、藕、菰、蒲等应时湖鲜；青山羊、烟台鸭、寿光鸡等禽、蛋、肉品等，都有鲜明的山东地方特色。用这些原料烹制出的菜肴，更突出了鲁菜浓郁的地方风味。

2. 烹饪方法全面

丰泽园饭店烹制的菜肴，操作严谨，注重刀法，讲究火候，擅长爆、炒、烹、炸、扒、熘、煸、蒸、烩、烧、烤、炖、煎、煮、炝、拔等，尤以爆、煸、糟溜等技法更为独到。做出的菜味道纯正，或鲜、或香、或清、或醇，独具风味，口感舒适；或嫩、或软、或脆、或酥，色彩明快，造型喜人。

3. 精于制汤

鲁菜的汤分为清汤、奶汤两种，丰泽园饭店烹饪用汤堪称一绝，专门调制的清汤和奶汤是制作许多菜品必用的辅料。清汤色清而鲜，奶汤色白而醇，故有"百鲜都在一口汤"之说。

4. 擅长烹制海鲜

丰泽园饭店烹制各种海鲜技艺精湛，对各种水产海味的烹制堪称一绝，烹制各种海参、鱼翅、燕窝、龙虾等海珍品更是拿手，并有浓郁的山东风味特色。

5. 善于以葱调味

鲁菜善于以葱香调味，这是其他菜系无法比拟的。在烹制菜肴的过程中，葱是必备调料和辅料，不论是爆、炒、熘、烧，还是烹调汤汁，都以葱丝（或葱末）爆锅，就是蒸、扒、炸、烤等菜，也借助葱香提味，如烤鸭、烤乳猪、锅烧肘子、炸脂盖、烧肥肠等，均配以葱段佐餐。

6. 面食品种繁多

鲁菜面食种类繁多，丰泽园饭店会聚山东面点的精华，选用北方特有的优质面粉，将烤馒头、银丝卷、豆沙包、杠头等制成"八大件"面点礼盒。这些特色面食采用传统工艺精制而成，面饼筋道，口感松软爽滑、细腻香甜，广受京城消费者喜爱。丰泽园饭店的特色面点是色泽、美味、营养三位一体的精品。

（三）丰泽园饭店的特色菜品

丰泽园饭店所经营的鲁菜主要由济南、胶东两种风味组成，菜肴以清、鲜、香、脆、嫩为特色，因为菜肴包含了胶东、济南两种风味，所以经常有人说，吃了丰泽园，鲁菜都尝遍。

1. 葱烧海参王

葱烧海参是丰泽园饭店的金牌菜品。丰泽园饭店烹制的"海参王"选料上乘，烹饪技法独特，始终坚持自发海参，保证了出品的品质。在继承传统烹饪技法基础上，经过创新的"海参王"色泽红亮、葱香浓郁、口感奇佳，代表了丰泽园饭店的美食精品，在宾客中享有"吃海参当然到丰泽园"的美誉，"美味＋营养＋健康"形成了"海参王"系列海参菜品的最大特色（图5-33）。

图 5-33 葱烧海参王

2. 烩乌鱼蛋汤

烩乌鱼蛋汤是丰泽园的又一特色菜品，蛋片软嫩爽滑，口味酸辣爽口（图 5-34）。

图 5-34　烩乌鱼蛋汤

3. 九转大肠

丰泽园的九转大肠也受到食客的喜爱。菜肴色泽呈枣红色，酸、甜、咸、辣、香五味俱全（图 5-35）。

图 5-35　九转大肠

七、东来顺

（一）东来顺的发展历史

东来顺的创始人名叫丁德山，表字子清，河北沧州人。

1903年，丁德山在东安市场开了一个清真粥摊，专卖扒糕、贴饼子、米粥等。随着粥摊的生意越来越红火，丁德山的母亲提出："买卖该有个字号，咱是从东边来的，就叫东来顺吧，图个吉利，一顺百顺。"粥摊自此挂起了"东来顺粥摊"的招牌。

1912年2月29日，袁世凯制造"北京兵变"，东安市场被乱兵点火烧成灰烬，丁德山的粥摊也在这场火灾中烧毁了。后来，经过多方努力，丁德山在东安市场拿到了一处比原来粥摊更大的地方，建起了三间瓦房，将招牌改为了东来顺羊肉馆，经营菜品中也增加了当时的京城名吃——涮羊肉。此后，丁德山聘请名厨，精选原料，提高技术，完善管理，东来顺的生意越来越好。1928年和1930年，东来顺经过了两次扩建，最终成为一个可以同时容纳500人就餐的餐厅，成为京城著名的餐馆。

此时，丁德山开始了多种经营产业发展之路，到了1933年，以涮羊肉、清真菜肴、小吃为主的东来顺多种经营产业链雏形基本形成，经营范围涵盖农业（种菜、种粮）、畜牧业（养羊）、加工业（磨面、榨油、调味品制作、厨具加工制作）、餐饮业（涮羊肉、清真菜肴，清真小吃）、商业（酱园、副食）、服务业（公寓、大车店）。自产自销，自给自足，互补共赢的产业链，不仅解决了东来顺经营以及员工生产生活诸多需求，大大降低了东来顺的经营成本，还创造了餐馆之外的新经营业态，会集各行各业身怀绝技的能工巧匠，使得东来顺涮羊肉和清真菜肴的产品品质实现了源头把控，在同行业的竞争中占有优势（图5-36）。

1955年，东来顺参加了公私合营。从1956年起到后来20多年的计划经济时期里，国家给予东来顺食材特殊供应政策，确保食品原材料质量，使东来顺始终保持至上品质，经营长盛不衰，服务中外宾客，让涮羊肉这一民族风味在中华饮食百花园中展露迷人风采（图5-37）。

图 5-36 20 世纪 30 年代，东来顺位于东安市场内的门面

图 5-37 东来顺

2003 年，东来顺饭庄建店 100 周年。同年 7 月，北京东来顺集团有限责任公司成立。2004 年 6 月，东来顺与首旅集团战略重组，成为首旅集团旗下

的企业。

2008年，东来顺的涮羊肉制作技艺被列入《国家级非物质文化遗产名录》。此外，东来顺的涮羊肉、糖蒜、核桃酪被北京老字号协会列为第一批原汁原味北京老字号最具代表性产品。

（二）东来顺的涮羊肉制作技艺

东来顺的涮羊肉制作技艺融合羊肉批制和切肉、火锅制作、糖蒜制作、调料制作等多种技艺，形成东来顺涮羊肉选料精、刀工美、调料香、火锅旺、底汤鲜、糖蒜脆、配料细、辅料全的八大特点，以色、香、味、形、器的和谐统一创造了富于个性的饮食文化特色（图 5-38）。

1. 选料精

东来顺的"选料精"，精在讲究羊肉产地、岁口、品种和羊肉的部位。

东来顺涮肉使用内蒙古锡林郭勒盟西乌珠穆沁一年至一年半的黑头白羊中的羯羊。

图 5-38　东来顺涮羊肉

水草丰美，气候适宜，黑头白羊，体格硕大，骨骼粗壮，背胸宽平，后驱丰满。一岁到一岁半的羊膘情正好。羯羊是出生两周后阉割的公羊，没有因性激素分泌形成的膻味儿，肉香味美。

东来顺使用羊身上5个部位最适合涮食的肉，分别为"上脑""黄瓜条""大三岔""小三岔"和"磨裆"，这5个部位占羊体净肉的40%。羊的屠宰加工具备清真资质，卫生达到国家检疫标准，让食材品质从源头就得到保证。

2. 刀工美

东来顺的"刀工美"，美在切肉师傅刀法精湛、游刃有余，切出的羊肉色泽鲜艳、透明若纸、薄厚均匀、排列整齐。

东来顺涮羊肉刀口标准是长152毫米、宽34毫米、厚0.9毫米，切出的肉片状若手帕，放在青花磁盘上舒展开来，可以透过肉片看见盘上的花纹图案，真所谓"薄如纸、匀如晶、软如棉、齐如线、美如花"。

1975年，在机械科研人员和东来顺切肉老师傅的共同努力下，切羊肉片机研制成功，在品质不变的前提下机械化切肉，大大解放了生产力，为东来顺刀工美翻开了崭新的篇章。而作为国家级非物质文化遗产项目的重要组成部分，东来顺手工切肉的传统技艺代代相传，成为老字号和引以为傲的饮食文化瑰宝（图5-39、图5-40）。

图5-39 东来顺手切羊肉

图5-40 东来顺手切羊肉装盘

3. 火锅旺

东来顺的"火锅旺"，旺在对北方火锅结构的革新与探索以及遴选使用环保健康的优质木炭。

早年的火锅叫"暖锅",锅中间放碳的"芯子"细,盛汤的盆大而粗,这样的结构使得火力弱,开锅慢,不适合涮羊肉。经东来顺改良后的火锅放炭的"芯子"上细下粗,容积大,放炭多,通风好,开锅快,燃烧时间长。

过去东来顺涮羊肉使用陕西镇巴县出产的二级白炭,这种炭是使用当地一种名叫"铁木架"的木材烧制的,结构紧密,十分耐烧,两个小时中途不用添炭。后来为了保护长江流域植被,防止水土流失,当地禁止砍伐这种木材,这种炭也就不再生产了。如今,东来顺使用的是环保型再生木炭,将木材厂的锯末刨花等下脚料重新粉碎压成型,再经烧制,也能达到两个小时中途不添炭的要求。随着时代的发展,东来顺的火锅也在与时俱进,开始从传统木炭向燃料油、电磁炉转变,完成燃料的环保科学替换,实现"火锅旺"背后的传承创新。

图5-41为东来顺景泰蓝火锅。

图5-41　东来顺景泰蓝火锅

4.底汤鲜

东来顺的"底汤鲜",鲜在清汤锅底呈现优质羊肉本来的味道。

作为北方火锅代表,东来顺涮锅使用清汤。清汤一来呈现羊肉本味,二来清汤不遮丑，羊肉有问题，眼观嘴尝立刻可以辨别出来。东来顺一锅清汤 100 年，经久不衰，成为羊肉品质上成的最佳见证。

清汤底料包括海米、葱花、姜片、口蘑汤。口蘑产自内蒙古大草原，在干制过程中，光合作用带来鲜味。口蘑洗后经热水浸泡 12 小时制成口蘑汤，与海米一道加入涮羊肉底汤使底汤更为鲜美。底料增鲜，又不会遮盖羊肉香味儿，二者互相补充、相辅相成。

5. 调料香

东来顺的"调料香"，香在调和五味，勾兑有序，以人为本。

东来顺的涮羊肉传统调料有芝麻酱、韭菜花、酱豆腐、虾油、酱油、料酒、辣椒油。这七种调料包含"辛、辣、卤、糟、鲜"成分，构成了独特的香味。

老东来顺在佐料上下了很大功夫。"酱油要用夏天腌制黄酱时收集的铺淋酱油，还要加入适量的甘草、桂皮、冰糖加以炼制。腌渍韭菜花时，要加入一定量的酸梨，使之更加酸甜可口。"

在勾兑佐料时，调料加放的先后次序和调配方式也有讲究，先放料酒、虾油、酱油、韭菜花，再放芝麻酱、酱豆腐，用勺顺时针拌匀，根据顾客需求添加辣椒油。液体佐料先放，固体佐料后放，避免调配时沾染，顺时针搅拌一来使得调料不散不解，二来寓意东来顺一顺百顺。调料中的辣椒油是小磨香油炸制，辣椒要用小辣椒，炸前将整椒用刀破开加工好。

东来顺的老掌柜曾经总结了调料勾兑口诀："芝麻酱、韭菜花为主，酱豆腐、酱油为辅，虾油、料酒少许，辣椒油自由。"

6. 糖蒜脆

东来顺的"糖蒜脆"，脆在几十年恪守投料工艺标准，十道工序道道不差，成就酸甜适口、口感清脆、开胃解腻的传统美食（图 5-42）。

东来顺制作糖蒜，采用河北霸州地区"大青苗"蒜，也叫"大六瓣"，后来又在山东苍山地区建立大蒜采集基地，使用号称"天下第一蒜"的山东苍山大蒜。

起蒜的日子在夏至前三天，要在太阳出山前连泥带土把蒜收到麻袋里。

图 5-42 糖蒜

蒜收回来,先去"胡子",去"嘴儿",剥去两层皮。接着"倒缸"上封口盐,让盐与蒜充分结合,利用盐的渗透压封口,渗进蒜体把辣气逼出来。然后是"腌制",上面压铁箅子,盖上席。坛子灌上水压实。几天之后,辣气逼出,蒜上浮出厚厚的沫子,用笊篱把蒜捞出,用净水把辣气漂净,把水控净。

趁太阳没有出山的时候,蒜和糖按一定比例灌坛,加盐和白开水,用油布密封坛口,让蒜在坛里发酵。然后要"滚坛子",将坛子左右晃动,每天滚 5~7 遍,使坛里的蒜与糖汁充分融合,让盐彻底把辣气"杀"出来。20 天之后一敲封口,油布砰砰作响,要赶快开口放气,否则蒜被气闷倒,就不脆而发软了。

滚坛子、放气、再封口、再滚坛子,放气、封口……如此循环操作 100 来天,历经十道工序,糖蒜制作最终完成。

出了坛的糖蒜呈琥珀色、酸甜适口、口感清脆、开胃解腻。

7. 配料细

东来顺的"配料细",细在小菜精美、刀工讲究、锦上添花。

东来顺的配料都是随着火锅上,有葱花、香菜,也有应季的腌韭菜、雪里蕻、萝卜丝、酸菜等。这些小菜尽管占不了多大比重,价格也不高,可加工起来却丝毫马虎不得。

东来顺配料开始用玉田宝坻出产的"鸡腿葱",后来换成山东章丘大葱。大葱先剥净外皮,将葱白劈成丝,再仔细用刀搓成沫。切忌将葱切块剁碎,否则一来大小不均,二来葱汁外溢,生出"臭葱味"。

香菜一根根去根择净,清洗,用 1.5 毫米刀口切成细末。

雪里蕻择好洗净,顶刀切成 2 毫米细末,客人喝汤时装盘上桌。

腌韭菜择好洗净,切成 15 毫米的段。

酸菜去尽残余菜根,菜帮部分平片(根据薄厚一或二刀切)成 1.5 毫米细丝。

8. 辅料全

东来顺的"辅料全",全在一菜成席,丰富多样,荤素搭配,主副兼顾,酸碱中和,营养互补。

东来顺涮羊肉辅料品种非常丰富,除羊肉涮食部位齐全外,各种蔬菜、面点应有尽有,符合荤素搭配、主副食兼顾、酸碱中和、营养互补的健康膳食要求。

过去受时代、市场及生产客观条件的限制,涮羊肉使用的青菜只有大白菜、冬瓜、菠菜等为数不多的几种。现在随着种植业的发展,一年四季鲜菜不断,可供涮锅选择的青菜也越来越丰富,比如生菜、茼蒿、豆苗都是受消费者喜爱的蔬菜。一般火锅青菜搭配应按根、茎、叶、花、果、食用菌等分别准备,每类两种以上满足客人不同需求。

芝麻酱烧饼是涮羊肉的经典辅食。东来顺制作芝麻酱烧饼很是精细,麻酱、小茴香、花椒、盐加工配兑好,烧饼烤好后外脆内软、浓香扑鼻,18 薄层,层层分离,不粘连,口感色泽让人印象深刻。

此外,牛百叶、粉丝、冻豆腐、杂面、伊府面、菠菜面、番茄面都是涮羊肉的上选辅料。

(三)东来顺的特色清真菜肴

1. 扒羊肉条

扒羊肉条是传统的清真名菜,主要选用的是羊腰窝肉,肥瘦相间,红白分明,这个部位的肉非常适合于炖、扒、焖等烹调手法。扒羊肉条的传统做法是切好肉条扣碗蒸,蒸完再扣,扣完烧汁,摆不了形,肉条也无法入味。东来顺

师傅采用"大翻勺"的技法烹制扒菜，将食材码在炒勺里燣煸入味，勾汁后整个翻过来，出锅时炒勺对准盘子沿，手腕一抖，整个菜瞬间"平移"盘中，操作过程行云流水，让人赏心悦目，把扒肉条做到了极致。扒羊肉条汁明芡亮，肉软烂而浓香，是清真宴席上不可缺少的一道佳品（图5-43）。

2. 炙子烤肉

炙子是由扁铁条加上圆形外框组成的一种烤肉用的炊具。炙子下面以木炭取火加热，将羊肉或牛肉切成薄片腌好后，放在炙子上翻烤，烤熟即食（图5-44）。

传统老北京炙子烤肉使用的配食是芝麻酱烧饼。烧饼一定要现烙现夹肉吃，烧饼特有的麻酱香，混着大葱、香菜和香喷喷的烤肉，味道堪称绝配。

过去老北京炙子烤肉烤的是羊腿肉，如今东来顺炙子烤肉又增加了高品质的杜泊羊以及肥牛系列。

除去麻酱烧饼，东来顺老法生产的精品糖蒜也是炙子烤肉的理想辅食。

图 5-43　扒羊肉条　　　　　　图 5-44　炙子烤肉

3. 芫爆百叶

芫爆百叶是清真经典菜。芫，芫荽，即香菜。百叶，是牛肚内壁中有皱襞的部分，是一种特殊的肌纤维，质地脆嫩，有特殊鲜味，食之容易消化。

生百叶爆炒，加高汤及醋、盐、胡椒粉，最后放入香菜段，淋香油，无汤入盘。用新鲜香菜的三叉梗切段爆百叶味道最佳，这是这道菜配料的讲究（图5-45）。

图 5-45　芫爆百叶

第三节　老字号饭庄的文化价值

一、北京餐饮文化最典型、最集中的展现场所

餐饮业的文化属性是指酒楼饭庄、饭店餐馆、餐饮集团等不仅是一种企业，而且是餐饮文化最典型、最集中的展现场所。老字号饭庄的文化属性主要通过以下三个方面表现出来。

1. 消费环境的建筑装修文化

通过建筑与装修设计，环境装饰与美化形成餐厅特色与风格，体现出特定文化底蕴。

以全聚德前门店为例，该店是全聚德的起源店，有着特殊的意义。餐厅将建店初期的全聚德铺面老墙原样移至大厅内，并在老墙后面依照旧式摆设恢复

了老铺风貌。2007年，前门店进行装修改造时，又将老门面墙原址复原。"前门全聚德烤鸭店门面"被列为"北京市文物保护单位"。

再比如东来顺的手切羊肉展示间设计。旧时北京，东来顺曾把手切羊肉当作招揽顾客、切肉师傅比试技艺的方式。手切羊肉技艺是东来顺国家级非物质文化遗产的重要组成部分。东来顺对手工切肉从选肉、预加工、切片、装盘均有严格的标准。一般手切羊肉都在厨房，东来顺专门设展示间明档操作，就是以动的方式让顾客零距离观赏到国家级非物质文化遗产的精华。在当今涮羊肉使用机械化切片的背景下，门店中的手切羊肉展示间传递着这样的信息：不管社会怎样进步，现代化文明如何发展，东来顺都要为手切羊肉传统文化技艺展示，留下一席之地。同时东来顺还利用这样的展示间将手切羊肉技艺的传承固定下来。门店增多，手工切肉师傅亦随之增多，手工切肉技艺的文化就会随之不断发展。

2. 餐厅服务文化

通过服务人员的服装服饰、服务态度、礼仪规格、服务操作和质量标准来体现不同餐厅的民族文化特色和地方文化氛围，展示具有浓郁文化色彩的特色服务。

以厨师和服务员的默契为例，老一辈厨师到餐馆应聘，常常一来三个人，厨师本人、墩上师傅，外带一个服务员。厨师负责炒菜，墩上师傅加工打下手，为什么还要带上服务员呢？其中自有缘故。厨师带着自己的班底闯荡餐饮江湖，彼此之间知根知底，已然形成默契，操作起来无须再费口舌。厨师的本领技艺如何，能做多少种菜品，有怎样的烹饪绝活，各自的说法、讲究、避讳，服务员了然于胸，自然会在上菜服务的"裉节儿"上给予恰到好处的配合。比如，有的菜需要搭配调味料进食，菜炒得了，不用厨师说话，服务员自会准备好相应的调味料，配着菜上桌，客人一看就知道这道菜需要蘸着调料吃，所谓"哑灶响堂老虎柜"，厨师不会追着嘱咐吃法，这些特别的菜品功课都是服务员必须谙熟于心的。

组班底、耍手艺、卖厨艺已经成了历史，但是厨师与服务员之间的默契配合，却依然是做好餐饮服务的前提。如今在东来顺许多直营店、连锁加盟店中，安排厨师讲授菜品，了解东来顺清真菜肴、涮羊肉的烹饪绝活和文化元素，已经成为新入职员工必须培训的内容，厨师与服务员之间那种无须言表却极为重要的默契，也将一代一代传承下去。2011 年，东来顺集团在企业全面推行"中国服务"。"本土特色，国际标准，物超所值"成为餐饮服务践行的崭新标准，也是服务人员努力营造人文关怀的理想境界。

全聚德在为客人提供烤鸭服务时，要在宾客面前展现精湛的片鸭技术，服务员还要在桌边为客人讲解卷鸭饼的方法，并加以示范，对于卷鸭饼技术掌握不好的客人，服务员还会亲自为他们提供卷鸭饼的服务，服务的细致周到、服务的独具特色，是老字号饭庄服务文化的具体体现。

3. 烹饪文化

通过对烹饪技术的传承与发展，在菜点名称、营养搭配、烹饪技术、食雕造型、餐具选用、用餐方式等方面营造出不同文化特色。

老字号饭庄在原料选择方面严格标准、精挑细选。比如，全聚德烤鸭所用的北京填鸭有着严格的喂养要求；东来顺的选料精，表现在讲究羊肉产地、岁口、品种和羊肉的部位；谭家菜选料时，鱼翅必选"吕宋黄"，燕窝一般选用"暹罗官燕"，海参最为讲究使用的是大乌参。

在烹调技术方面，每个老字号饭庄都有着独特烹调技艺的传承。全聚德挂炉烤鸭制作技艺、谭家菜的制作技艺、便宜坊焖炉烤鸭技艺、同和居和丰泽园的鲁菜烹饪技艺、柳泉居京菜制作技艺、东来顺涮羊肉制作技艺，这些技艺中包含的是代代相传的工匠精神。这些技艺的传承使中国灿烂的饮食文化得以传播，绵延不绝。

二、构成北京重要的历史文化印记

老字号饭庄构成了北京重要的历史文化印记。光顾餐厅的客人在用餐过程中，欣赏餐厅古老的建筑装饰、品尝传统菜品、体验特色服务，了解那些列入了区级、市级甚至《国家级非物质文化遗产名录》的烹饪技艺，这一过程体验到的是鲜活生动的北京历史文化，让人们更加深入了解到北京餐饮文化的魅力。

三、创造出古典而时尚的民族品牌

北京的老字号饭庄历经至少半个世纪的经营，有的饭庄经营的时间已经超

过了 600 年。这些老字号饭庄在坚持传统的同时不忘创新，积极探索经营之路。通过机构重组、品牌打造、转变经营模式，实现了跨世纪的坚守，创造出了古典而时尚的民族品牌。

这些老字号餐厅见证传奇、传承文化，同时又在创新未来。

参考文献：

［1］中华老字号信息管理平台.（EB/OL）.（2022-04-02）.https：//zhlzh.mofcom.gov.cn.

［2］王兰顺.京城美馔——便宜坊［J］.时代经贸，2016（16）：30-35. DOI：10.19463/j.cnki.sdjm.2016.16.003.

［3］蔡万坤.餐饮管理（第五版）［M］.北京：高等教育出版社，2018.

单元测试

一、单选题

1.《"中华老字号"认定规范（试行）》中规定，老字号的品牌创立时间应在（　　　）。

A. 1949 年（含）以前　　　　　　　　B. 1952 年（含）以前

C. 1956 年（含）以前　　　　　　　　D. 1958 年（含）以前

2. 全聚德烤鸭店始创于（　　　）。

A. 清乾隆年间　　B. 清同治年间　　　C. 清顺治年间　　D. 清康熙年间

3. 下列菜品中属于全聚德特色菜品的是（　　　）。

A. 焖炉烤鸭　　　B. 挂炉烤鸭　　　　C. 蔬香鸭　　　　D. 香酥鸭

4. 谭家菜是北京（　　　）的典型代表。

A. 清真菜　　　　B. 山东菜　　　　　C. 山西菜　　　　D. 官府菜

5. 下列菜品中属于谭家菜代表菜品的是（　　　）。

A. 肉丝温粉皮　　B. 干炸丸子　　　　C. 黄焖鱼肚　　　D. 烩乌鱼蛋

6. 京城最早的便宜坊始于（　　　）。

A. 明永乐年间　　B. 明隆庆年间　　　C. 清同治年间　　D. 清乾隆年间

7. 同和居饭庄经营风味属于（　　　）。

A. 山东福山帮　　　B. 山东济南派　　　C. 京味鲁菜　　　D. 京味晋菜

8. 同和居的烤馒头用的发面引子是（　　　）。

A. 活性酵母　　　B. 干酵母　　　C. 山东酒糟　　　D. 山东麦糟

9. 柳泉居始于（　　　）。

A. 清同治年间　　　B. 清顺治年间　　　C. 明隆庆年间　　　D. 明永乐年间

10. 下列菜品中，不属于东来顺特色菜点的是（　　　）。

A. 扒羊肉条　　　B. 炙子烤肉　　　C. 蔬香酥　　　D. 莞爆百叶

二、多选题

1. 以下描述中，属于谭家菜烹饪技艺特色的是（　　　）。

A. 选料精细　　　B. 刀工精美　　　C. 汤味醇厚　　　D. 风味独特

E. 绿色保健

2. 下列属于老北京餐饮业"八大居"的是（　　　）。

A. 同和居　　　B. 砂锅居　　　C. 东兴居　　　D. 广和居

E. 六必居

3. 下列菜品中，不属于丰泽园特色菜品的是（　　　）。

A. 烩乌鱼蛋　　　B. 香酥鸭　　　C. 九转大肠　　　D. 葱烧海参王

E. 莞爆百叶

4. 东来顺菜品中，被北京老字号协会列入第一批"原汁原味北京老字号最具代表性产品"的是（　　　）。

A. 涮羊肉　　　B. 糖蒜　　　C. 烤羊肉串　　　D. 扒羊肉条

E. 核桃酪

5. 下列描述中，属于东来顺涮锅特点的是（　　　）。

A. 选料精　　　B. 刀工美　　　C. 底汤鲜　　　D. 辅料全

E. 火锅旺

三、判断题

1.《"中华老字号"认定规范（试行）》中规定，老字号企业必须是国内资本相对控股、经营状况良好、且具有较强的可持续发展能力的企业。（　　　）

2. "中华老字号"的认定和相关工作由中华老字号振兴发展委员会全面负责。（　　　）

3. 全聚德集团是我国首家 A 股上市餐饮老字号企业。（　　）

4. 2006 年，便宜坊烤鸭店的焖炉烤鸭技艺列入《国家级非物质文化遗产保护名录》。（　　）

5. 2009 年，柳泉居京菜制作技艺入选北京市非物质文化遗产保护名录。（　　）

6. 柳泉居的名菜炸烹虾段选用大明虾为主料，去头尾，切成虾段（去皮）烹制而成的。（　　）

7. 1958 年，在周恩来总理的亲自建议下，"谭家菜"并入北京饭店。（　　）

作业

通过网络或实地调研一家北京老字号饭庄，撰写 200~300 字总结。总结应包括老字号饭庄的始创、发展、现状及特色菜品等内容。

课堂讨论

北京老字号饭庄的文化价值表现在哪些方面？除了课堂上介绍的主要表现之外，你还有哪些新的观点？

第五单元　单元测试答案

一、单选题

1. C　　2. B　　3. B　　4. D　　5. C　　6. A　　7. A　　8. D
9. C　　10. C

二、多选题

1. ABCDE　　2. ABCD　　3. BE　　4. ABE　　5. ABCDE

三、判断题

1. ×　　2. √　　3. √　　4. √　　5. √　　6. ×　　7. √

第六单元

胡同中的酒香茶味

第一节　老北京的二锅头酒

一、中国白酒的分类

（一）按照原料分类

白酒使用的原料主要为高粱、小麦、大米、玉米等，所以白酒又常按照酿酒所使用的原料来冠名，其中以高粱为原料的白酒是最多的。

（二）按照使用酒曲分类

1. 大曲酒

大曲酒是以大曲做糖化发酵剂生产出来的酒，主要的原料有大麦、小麦和一定数量的豌豆，大曲又分为中温曲、高温曲和超高温曲。一般是固态发酵，大曲酒所酿的酒质量较好，多数名优酒均以大曲酿成，如泸州老窖、老酒坊等。

2. 小曲酒

小曲酒是以小曲做糖化发酵剂生产出来的酒，主要的原料有稻米，多采用半固态发酵，南方的白酒多是小曲酒。

3. 麸曲酒

麸曲酒是以麦麸做培养基接种的纯种曲霉做糖化剂，用纯种酵母为发酵剂生产出的酒，以发酵时间短、生产成本低为多数酒厂所采用，此类酒的产量也是最大的。

（三）按照发酵方法分类

1. 固态法白酒

固态法白酒在配料、蒸粮、糖化、发酵、蒸酒等生产过程中都采用固体状态流转而酿制的白酒，发酵容器主要采用地缸、窖池、大木桶等设备，多采用甑桶蒸馏。固态法白酒酒质较好、香气浓郁、口感柔和、绵甜爽净、余味悠长，国内名酒绝大多数是固态发酵白酒。

2. 液态法白酒

液态法白酒是液态发酵法白酒，以粮谷、薯类、糖蜜等原料，经过液态发酵、蒸馏成食用酒精，然后再串香、勾兑、调配而成的白酒。

（四）按照香型分类

1. 浓香型白酒

浓香型白酒也称为泸香型、窖香型、五粮液香型，属大曲酒类。其特点可用六个字、五句话来概括：六个字是香、醇、浓、绵、甜、净；五句话是窖香浓郁、清洌甘爽、绵柔醇厚、香味协调、尾净余长。以粮谷为原料，经固态发酵、贮存、勾兑而成，典型代表有五粮液、剑南春等。

2. 酱香型白酒

酱香型白酒也称为茅香型，酱香突出、幽雅细致、酒体醇厚、清澈透明、色泽微黄、回味悠长，典型代表有茅台、郎酒等。

3. 米香型白酒

米香型白酒也称为蜜香型，以大米为原料，小曲作糖化发酵剂，经半固态发酵酿成。其主要特征是：蜜香清雅、入口柔绵、落口爽洌、回味怡畅，典型代表有桂林三花、西江贡等。

4. 清香型白酒

清香型白酒也称为汾香型，以高粱为原料清蒸清烧、地缸发酵，具有以乙酸乙酯为主体的复合香气，清香纯正、自然谐调、醇甜柔和、绵甜净爽，典型代表有汾酒、二锅头等。

5. 兼香型白酒

兼香型白酒以谷物为主要原料，经发酵、贮存、勾兑酿制而成，酱浓谐调、细腻丰满、回味爽净、幽雅舒适、余味悠长，典型代表有白云边等。

6. 凤香型白酒

凤香型白酒香与味、头与尾和调一致，属于复合香型的大曲白酒，酒液无色、清澈透明、入口甜润、醇厚丰满，有水果香，尾净味长，为喜饮烈性酒者所钟爱，典型代表有西凤酒等。

7. 豉香型白酒

豉香型白酒以大米为原料，小曲为糖化发酵剂，半固态液态糖化发酵酿制而成，典型代表有广东玉冰烧酒。

8. 药香型白酒

药香型白酒清澈透明、香气典雅、浓郁甘美、略带药香、醇甜爽口、后味悠长，典型代表有董酒等。

9. 特香型白酒

特香型白酒以大米为原料，富含奇数碳脂肪酸乙酯复合香气，香味谐调，余味悠长，典型代表有四特酒等。

10. 芝麻香型白酒

芝麻香型白酒以焦香、糊香气味为主，无色、清亮透明，口味比较醇厚爽口，是中华人民共和国成立后两大创新香型之一，典型代表有山东景芝白干酒等。

11. 老白干香型白酒

老白干香型白酒以酒色清澈透明、醇香清雅、甘洌挺拔、诸味协调而著称，典型代表有衡水老白干等。

12. 馥郁香型白酒

馥郁香型白酒浓郁中透出秀雅，入口绵柔甘洌，酒体爽净，回味悠长，典型代表有酒鬼酒。

二、二锅头酒的起源

中国自古就有生产烧酒的历史。北京有着3000多年建城史，800余年建都史，烧酒文化从元代开始就在京城扎下了根，时至今日，北京仍保留着三条明清时期遗留下来的以烧酒为地名的胡同。北京二锅头酒就是在烧酒生产的基础上进一步发展而成的。

北京二锅头酒传统酿造技艺萌芽于元明时期，成型于清康熙十九年（1680年）。1680年，赵存仁、赵存义、赵存礼三兄弟创办了"源升号"酒坊，酒坊临街为店、迎客沽酒；店后置坊，酿制烧酒。那时，北京的烧酒品质不稳定，有时非常浓烈呛人，有时又非常寡淡无味。因此，三兄弟为提升烧酒质量，进行了工艺改革。

在蒸酒时，用作冷却器的"天锅"内要换三次凉水，第一次"天锅"放入

凉水，冷却而流出的酒称为"酒头"，浓烈呛喉，难以下咽；第三次"天锅"换入凉水，冷却流出的酒称为"酒尾"，含杂质多，寡淡无味；只有第二次"天锅"换入凉水，冷却流出的酒液口味最为香醇，不烈、不淡，醇厚爽净。三兄弟将"酒头"和"酒尾"舍弃，只保留第二次"天锅"换入凉水冷却流出的酒液，这样得到的酒液称为"二锅头"。这种"掐头去尾取中段"的分段摘酒方式，即称之为二锅头工艺。

北京二锅头酒具有清香芬芳、纯正典雅、甘洌醇厚等特点，长久以来畅销全国，并出口到美、日等国家和地区。

三、二锅头酒传统酿造技艺

北京二锅头酒以优质红高粱为原料，酒曲为糖化发酵剂，采取混蒸混烧、老五甑工艺以及"掐头去尾取中段"的摘酒方式生产而成。

北京二锅头酒传统酿造技艺以口传心授的方式世代相传，并在生产实践中不断加以发展，逐渐形成了老五甑法发酵、混蒸混烧、看花接酒、中段接酒等特有的绝技。二锅头酒传统酿造技艺凝聚了北京酿酒技师的聪明才智，在当今二锅头酒的生产中仍持续发挥着不可替代的作用。2008年，北京二锅头酒传统酿造技艺被列入国家级非物质文化遗产。

1. 制曲工艺

大曲作为北京二锅头酒的糖化发酵剂，由大麦和豌豆制成。大麦和豌豆磨成面，按六比四或七比三的比例混合，然后加入清水，搅拌均匀，靠手捏来判断含水量是否合适。手握成团，不散不黏。继而将原料铺满曲斗（用榆木制成的曲斗作模具），尽力挤压，使其初步成型，然后在青石板上开始人工踩曲。使曲坯达到适当的密度，以利于菌类生长。

制曲中有不少传承的经验，如粉碎"烂心不烂皮"、拌料"成团而不散"、踩坯"光滑而不致密"、安坯"宽窄适宜"、翻坯"时机适度"，自然积温，自然风干。大曲质量凭借"手摸、眼观、鼻闻"等来控制。

2. 老五甑工艺

老五甑工艺是我国白酒酿造应用最广的传统发酵方法。每批酿酒原料需要经过五次发酵、六次蒸馏，将粮食内的淀粉充分利用。

窖池内有五甑材料同时在发酵,即大糙、二糙、小糙、回活、糟活各一个。发酵后的酒醅,出池时分层取出,分别蒸馏,共六次蒸馏。根据季节的变化发酵时间至少 28 天。在一定的温度下,糊化的高粱和各种微生物进行着复杂的反应。酿酒技师依靠眼看、鼻闻、手摸、脚踢的方式确定发酵是否合适。发酵过程中要用丰富的感官经验控制发酵"前缓中挺后缓落"的要求。

3. 混蒸混烧工艺

二锅头酒的传统酿制技艺中,采用"混蒸混烧"的工艺,即蒸粮、蒸酒在同一甑进行。

装甑:在二锅头酒的酿制工艺中极为重要。负责装甑的酿酒技师被尊称为大技师。装甑讲究轻、松、薄、匀、散、准。

蒸酒:既要将酒醅蒸透,又要讲求"缓慢蒸馏,大火追尾",蒸出更多更好的二锅头酒。

摘酒:只摘取第二锅流出的酒作为原酒储存。由于不同的酒精度会呈现出不同的"酒花",技师又总结出"看花接酒"的技能。酒花可分为大清花、小清花、匀花、油花等,可根据不同的酒花控制蒸馏的过程,达到"掐头去尾取中段"的目的。

四、北京著名的二锅头酒厂

1. 北京红星股份有限公司

生产红星二锅头酒。1949 年,政府对酒实行专卖,华北酒业专卖公司试验厂接收了老北京著名字号龙泉、同泉涌、永和成、同庆泉等 12 家老烧锅,并于 1951 年注册"红星"二锅头商标,全面继承了北京二锅头酒酿制技艺(图 6-1)。

2. 北京顺鑫农业股份有限公司牛栏山酒厂

牛栏山为京北古镇,地处燕山之麓,东临潮、白二河汇合处,地下水资源丰富,水质好,适宜酿酒。清朝初年,牛栏山酿酒业生产牛栏山二锅头酒已十分发达。历经数百年的发展,牛栏山二锅头酒逐渐形成我国北方清香型酒中极具特色的酒品。1952 年,在"公利号""富顺成号"等老烧锅的基础上成立了牛栏山酒厂,继续沿用传统酿造技艺生产二锅头酒(图 6-2)。

图 6-1　红星二锅头

图 6-2　牛栏山二锅头

3.北京二锅头酒业股份有限公司

　　生产永丰二锅头酒。北京二锅头酒业股份有限公司成立于 2002 年 8 月，是由国营北京大兴酒厂改制成立的。据《北京通史》记载大兴酒厂距今已有 800 多年的悠久历史，可追溯到金大定三年（1163 年），当时烧酒作坊烧制的"金澜酒"，口味醇厚、清冽甘爽、十分香美，专为金王朝上层所享用。北京二锅头酒业股份有限公司，传承老北京二锅头传统酿造技艺生产二锅头酒（图 6-3）。

图 6-3　永丰牌北京二锅头

五、北京二锅头的酒标信息

要想喝到正宗的北京二锅头，购买时要认清酒标上的标识。有些二锅头酒厂不只生产二锅头酒，也生产其他类型的白酒。因此，要通过酒标上的信息准确判断出哪一款酒属于二锅头酒。

首先，二锅头酒属于清香型白酒，因此，二锅头酒的酿造标准执行的是《GB/T 10781.2 清香型白酒》国家标准。在这一标准中，对清香型白酒的级别分为优级和一级，优级的品质高于一级。

其次，二锅头酒是采用固态法生产的白酒，在选购时如果看到这瓶酒的执行标准不是清香型白酒的标准，或者它的酿酒方法不是固态法，而是固液法或其他方法时，这样的酒都不属于二锅头酒。

最后，看酒标上标注的酿酒原料，如果原料除了高粱、水、酒曲之外，还有其他的添加剂，从严格意义上讲，它也不属于二锅头酒。

按照这样的标准去分辨一瓶二锅头酒酒标背后的信息，就能够确保买到正宗的北京二锅头酒了。

第二节　老北京的茉莉花茶

一、中国茶的分类

（一）基本茶类

1.绿茶

绿茶是我国产量最多的一类茶叶，属于不发酵茶，如龙井、碧螺春。

2.红茶

红茶属于全发酵茶，如云南滇红、祁门红茶。

3.青茶

青茶属于半发酵茶，如安溪铁观音、凤凰单丛。

4. 白茶

白茶属于轻微发酵茶，如白毫银针、白牡丹。

5. 黄茶

黄茶也属于轻微发酵茶，如君山银针、霍山黄芽。

6. 黑茶

黑茶属于后发酵茶，一般是用比较粗老的原料经过堆积发酵后生产而成的，如六堡茶、康砖茶。

（二）再加工茶类

再加工茶类是在六大基本茶类的基础上加工而成的，如紧压茶，通常就是将红茶或者黑茶的毛茶原料蒸压成型便可以制成砖茶、饼茶、沱茶。再比如萃取茶，是用热水萃取茶叶中的可溶物，得到浓缩的茶汤用于饮料的生产加工。再有就是花茶，花茶利用了茶叶具有吸香的特性，将鲜花和茶叶拌和窨制。

在北京，广受人们喜爱的就是芬芳馥郁的茉莉花茶。

二、茉莉花茶的发展历史

福州是茉莉花茶的发源地，早在 2200 年前，茉莉花就从印度随佛教传入福州。北宋时，由于中医对香气和茶保健作用的认识，发现茉莉花有安神、解抑郁、中合下气的功效，因此引发了香茶热，福州茉莉花茶就在此背景下产生。

清朝，茉莉花茶作为贡茶，深受慈禧太后及王公大臣的喜爱。19 世纪中叶，茉莉花茶开始出口欧美，占全国茶叶出口总额的 40% 左右，扬名海外，成为当时中国茶叶出口的第一大户。从那时起，茉莉花茶可以说是风靡朝野，无论王侯将相、文人墨客，还是梨园名角、市井中人，无不以茉莉花茶最为常饮。

三、茉莉花茶的生产原料

窨制高品质的茉莉花茶一定要有好的原料。

茶坯要使用当年春天的优质绿茶，品种要选择适合加工茉莉花茶的绿茶品种，茉莉花茶的加工要经过百道工序，比较娇气的绿茶品种禁不起折腾，会出现叶形散碎、滋味不佳的问题。

茉莉花要选择香气浓、鲜活度高、吐香力强的品种。另外，茉莉鲜花的采摘时间也非常重要。雨天或低温天气里的茉莉花，朵小香气淡。数伏后，尤其是连续三个晴天之后采摘的茉莉鲜花，花朵大，香气浓，鲜活度高，吐香力也强。

四、茉莉花茶的制作技艺

北京张一元茉莉花茶制作技艺和吴裕泰茉莉花茶制作技艺分别于 2008 年和 2011 年被列入《国家级非物质文化遗产代表性项目名录》。下面以张一元茉莉花茶制作技艺为代表，详细介绍茉莉花茶的窨花工艺。

（一）张一元茉莉花茶制作技艺

张一元茉莉花茶制作时采用福建烘青绿茶春茶（通常为清明到谷雨采制）为茶坯，初制过程主要包括萎凋、杀青、揉捻、烘焙等工序。茉莉花选用广西横县的优质茉莉鲜花。

由于茉莉花是夜晚开放吐香的花，只有当晚窨制，才能保持花的鲜活，提高花茶的品质。张一元在横县建设了茉莉花茶标准化产业园，确保就近收花、当晚窨花。

1. 打火

窨花前对茶叶进行干燥处理，俗称打火，这样可以激活绿茶的香味，去掉储存中产生的水闷气和青涩味。

2. 收花过磅（约下午 3 点半开始）

茉莉鲜花运到车间里，首先要验收过磅，以计算配花量。花茶档次越高，配的花量越多。

3. 伺花（约下午 4 点开始）

窨花前茉莉鲜花要精心养护，俗称伺花。包括迅速拆包，摊凉散热，调整花堆高度，适时抛花通风，使花蕾在适合的温度和氧气条件下保持鲜活，防止闷花。

4. 筛花（约晚上 7 点开始）

在傍晚，通过震荡给花松松筋骨，使花蕾达到半开半合的预备状态，同时去除较小的花蕾、花萼和杂质。将筛好的鲜花有序地堆放在茶坯旁，师傅们会

用花将茶堆覆盖住，俗称盖面儿。

5. 茶花拌和（约晚上 9 点开始）

茉莉花具有开花瞬间吐香的特性，花开 4 小时后吐香 70%。因此，茶、花拌和的时机和速度至关重要，所以要求师傅们能够准确预判花开的时间，并提前开始茶、花拌和，这样茶叶才能第一时间吸收最浓的花香。如果预判不准，拼晚了会浪费大量花香，拼早了又容易造成闷花。而这个关键瞬间受到温度、湿度、气压、风力甚至养花技术与花朵本身鲜活度的综合影响，没有多年的实践摸索，很难拿捏精准。

6. 静置窨花（约晚上 9 点开始）

茶、花均匀拌合后要静静地躺上 10 多个小时，叫作静置窨花。此时窨堆的厚度也要视当晚的气温和湿度来调整。

7. 通花（每隔 4 小时一次）

由于堆温会缓慢升高，所以每隔 4 小时，师傅们还要进行一次通花，让茶堆充分散热的同时给氧，促进鲜花恢复生机，继续吐香。

静置窨花是个微妙的过程，在空气的作用下具有吸附特性的茶叶会慢慢把鲜花的香气、水分和芳香物质吸进体内，并发生微氧化和微发酵。所以经过反复窨花，茶坯的汤色会从绿色逐渐变得黄亮，滋味由淡涩转为浓醇，最终形成茉莉花茶特有的色、香、味，而且兼容了绿茶与茉莉的营养和保健功效。

高档茉莉花茶要经过 8~10 次窨花，历经半年才能上市，而普通的茉莉花茶也需要窨制 5~6 次。

8. 起花（约次日早上 9 点开始）

一夜过后茉莉花的水分和鲜香被茶叶吸走，逐渐变黄枯萎。此刻需根据经验适时快速地完成起花，将花朵与茶叶分离。

9. 烘焙（约次日早上 9 点半开始）

随后，茶叶通过烘焙去掉多余的水分，锁住吸入的花香。烘焙成败的关键在于精确控制茶叶的含水率。师傅们通过用手捻、鼻嗅就可以准确感知烘焙后茶叶的香气和含水率是否合适，结果与仪器检测几乎毫厘不差。

张一元生产的茉莉花茶大部分是低温烘焙，高端的茶叶因为茶茸比较多，如果温度太高了，茶茸会烧掉，烧了以后就有点儿火香味。好的烘焙使每个窨次能最大限度地锁住茶叶中的香气，也能更好地保持茶叶的外观和鲜爽滋味。

烘焙后的茶叶需在传送带或摊凉机上充分摊凉降温，然后装袋进行恒温储存，以备下次再窨。所有的仓库装空调，确保茶叶进入仓库后不会受到高温的影响，这有效地保证了茶的品质，让茶鲜灵度更好，使茉莉花茶更加优雅芬芳。

10. 审评

每个车间的师傅都是匠心制茶数十年的专家，他们生产的花茶品种各具特色，经常相互审评切磋。每一个批次、每台机器上的茶都要前、中、后三个阶段冲泡审评，相互切磋、相互借鉴。

11. 提花

窨制到位后的花茶还需要进行提花才能成为成品。提花与窨花相似，但配花量更少，静置时间更短。起花后不用烘焙。行业内讲，中档的花茶六窨一提，高档的花茶要八窨、九窨一提。提花是赋予花茶鲜灵之气的点睛之笔。

12. 匀摊装箱

提花完成后，成品花茶即可装箱交付验收。

专家评审团要对每个批次的花茶进行严格审评，为了保证消费者每年都能喝到标准一致、品质一流的茶叶，张一元设计投产了国内最先进的茉莉花茶拼配生产线，严格按不同茶品的标准和等级进行拼配包装。最后送国家茶叶质量检测中心，检验合格后才进行销售。

（二）吴裕泰茉莉花茶制作技艺

吴裕泰始建于 1887 年，一贯秉承自采、自窨、自拼的独门窨制技艺，其主要包括茶坯制作、花源选择、鲜花养护、玉兰打底、窨制拼和、通花散热、起花、烘焙、匀堆装箱九道工序。只采用春茶茶坯，坚持茉莉花"三不采原则"，在拼配中适当增加徽茶茶坯所占比例，并且运用"低温慢烘"等独门技艺，最终形成了吴裕泰茉莉花茶"香气鲜灵持久、滋味醇厚回甘、汤色清澈明亮、耐泡"的特色。

茉莉花茶春采夏窨，每年从 3 月到 9 月，耗时半年的时间，历经重重筛选，百道工序。一杯好花茶凝结了制茶人大半生的经验和心血。张一元和吴裕泰的制茶师傅施法自然、匠心独运、坚守传承并提升着流传百年、名列非遗的制茶

工艺，奉献出芬芳馥郁的茉莉花茶。

参考文献：

红星二锅头股份有限公司．（EB/OL）．（2022-04-02）.http：//www.
redstarwine.cn/.

单元测试

一、单选题

1.北京二锅头酒的生产始于（　　）。

A.清康熙年间　　　　　　　　　　B.清雍正年间

C.清嘉庆年间　　　　　　　　　　D.清道光年间

2.北京二锅头酒酿制工艺的发源地是（　　）。

A.同泉涌酒坊　　　　　　　　　　B.同庆泉酒坊

C.源升号酒坊　　　　　　　　　　D.永和成酒坊

3.加工茉莉花茶使用的茶坯是（　　）。

A.绿茶　　　　B.黄茶　　　　　　C.青茶　　　　D.红茶

二、多选题

1.下列描述中，属于北京二锅头酒工艺特点的是（　　）。

A.优质红高粱为原料　　　　　　　B.酒曲为糖化发酵剂

C.混蒸混烧、老五甑工艺　　　　　D.半固态发酵

E."掐头去尾取中段"的摘酒方式

2.下列工艺中，属于茉莉花茶窨制工艺的是（　　）。

A.伺花　　　　　　　　　　　　　B.盖面儿

C.茶花拌合　　　　　　　　　　　D.静置窨花

E.通花

三、判断题

1.北京二锅头酒属于固液法白酒。（　　）

2.我国最大的茉莉花栽培基地在广西横县。（　　）

作业

品鉴一款茉莉花茶或二锅头酒，完成一篇 200~300 字的总结。如果品鉴茉莉花茶，总结应包括购买地点、价格，茶的外形、香气、口感及饮用感受。如果品鉴二锅头酒，总结应包括购买地点、品牌、价格、酒标信息，酒的颜色、香气、口味及饮用感受。

课堂讨论

大家生活的地区都有着独特的饮茶文化或饮酒文化，请介绍一款你所在地区的茶或酒，并说说当地的饮茶文化或饮酒文化。

第六单元　单元测试答案

一、单选题

1. A　　2. C　　3. A

二、多选题

1. ABCE　　2. ABCDE

三、判断题

1. ×　　2. √

第七单元

经典北京小吃制作

扫码可观看第七
单元经典北京
小吃制作视频

一、麻酱烧饼

1. 相关知识

麻酱烧饼是北京人非常喜欢的一款面食，其以面粉为饼、芝麻酱为馅，层次清晰，表皮酥脆，内心暄软。讲究的吃法是搭配羊杂汤和涮羊肉，味道更好。麻酱则以"二八酱"为宜，味道醇厚，回味无穷。还可以根据个人喜好，在烧饼中加入酱牛肉、白水羊头肉、酱猪头肉、酱肘子、咸菜丝、煎鸡蛋，排叉、炸油饼等，丰俭由人，别有一番滋味（图7-1）。

图 7-1　麻酱烧饼

2. 所用原料

中筋面粉 500 克，温水 350 克，干酵母 2 克，泡打粉 1 克，芝麻酱，盐，生白芝麻，小茴香，花椒，色拉油，黄豆酱油。

3. 操作步骤

（1）将面粉与酵母、泡打粉混合，水分次加入，调制成偏软的面团；面团表面刷一层植物油静置待用。

（2）锅中放入花椒、小茴香，二者比例为 1:1，开小火进行炒制。炒至焦黄色出香味时，即可出锅。等放凉后把炒好的香料放到干净的案板上，然后用擀面杖把香料压碎，放入碗中待用。

（3）芝麻酱中放入炒制好的香料，加入适量的食用盐，搅拌均匀，使香料、盐、麻酱充分混合；麻酱静置 1 小时待用。

（4）先在案台涂抹少量食用油，将面团放在案台上，擀成长方形，厚度约0.5厘米的面坯。将调制好的麻酱倒于面坯之上，用手轻轻涂抹均匀，后从一端卷起，边卷边往上抻拉。卷好后，抻长成粗细均匀的剂条，均匀下剂子。将剂子四周往中间包起，用虎口处收起，包制成水滴状。蘸上酱油和芝麻，拿起后轻拍使芝麻黏牢。烧饼厚度约1厘米。

（5）电饼铛提前预热，依次将烧饼放入饼铛内，轻压，烙制两分钟后，打开饼盖，把烧饼翻个。烙制时，每隔2~3分钟翻面一次，大约翻至三次即可，直到听到烧饼已经有清脆的声音了，证明烧饼已经熟了，再烙制1分钟即可，然后装盘。

4. 口味特点

外焦里嫩，香味醇厚。

5. 注意事项

（1）麻酱使用的量应稍大。

（2）烙制的温度要高。

二、螺丝转

1. 相关知识

螺丝转是北京人非常喜欢的一款面食，有甜、咸两种口味。其层次清晰可见，呈螺旋状。表面酥脆，越嚼越香，让人回味无穷（图7-2）。

图7-2 螺丝转

2. 所用原料

面粉 500 克，温水 350 克，红糖 200 克，芝麻酱 200 克，酵母 2 克，泡打粉 1 克，糖桂花，食用油。

3. 操作步骤

（1）将面粉倒入案台进行开窝，酵母泡打粉与面粉混合。将水倒入窝内，注意水要分次加入，要让面粉变成雪花絮片状，少量多次，不要着急让面粉成团；搓揉面粉，使之成为偏软的面团，摔制面团使之变光滑、细腻。摔制光滑后，将案台表面刷油，放入案台，在面团表面刷一层食物油，封上保鲜膜，静置 20 分钟。

（2）把红糖封好保鲜膜，放入开水蒸锅内蒸制 40 分钟，待红糖变成液态，取出，备用。

（3）麻酱与蒸好的红糖按照 1:1 的比例进行混合，搅拌均匀后，加入糖桂花，红糖芝麻酱就调制好了。

（4）面饧发好之后，将其擀成长方形，将红糖抹在面坯上，用刮板轻轻涂抹均匀，然后从一端卷起，边缘处可以抹少许清水，使之粘连，搓成长条。搓条后轻轻压扁，以 10 厘米为一段，切断，切断后从面坯中间再直刀切。将两个面坯叠压至一起，轻轻压扁，抻长，盘于左手食指，尾部别进去，轻轻压扁，一个螺丝转就做好了。

（5）烤箱预热 200℃，烤制 15 分钟。

4. 产品特点

层次清晰，酥香可口，可甜可咸。

5. 注意事项

（1）卷制时注意手法。

（2）调制红糖麻酱的比例和方法。

三、糖火烧

1. 相关知识

老北京糖火烧是北京人非常喜爱的一道面食，以北京通州大顺斋点心坊制作的糖火烧最为著名（图 7-3）。

图 7-3　糖火烧

2. 所用原料

面粉 500 克，温水 350 克，红糖 200 克，麻酱 200 克，糖桂花，酵母 2 克，泡打粉 1 克，食用油。

3. 操作步骤

（1）先将面粉与酵母、泡打粉混合，将温水分次加入，要让面粉变成雪花絮片状，使之成为偏软的面团；摔制面团使之变光滑、细腻。摔制光滑后，将案台表面刷油，放入案台，在面团表面刷上一层食物油，封上保鲜膜，静置20 分钟。

（2）把红糖封好保鲜膜，放入开水蒸锅内蒸制 40 分钟。把红糖取出，此时的红糖应为半流动的液态。

（3）麻酱与蒸好的红糖按照 1∶1 的比例进行混合搅拌，搅拌均匀后加入糖桂花，红糖芝麻酱就调制好了。

（4）将已经饧发好的面团擀成长方形，将红糖抹在面坯上，用刮板轻轻涂抹均匀，边缘抹少许水，卷制成型。随后搓制粗细均匀的条，轻轻压扁，将面折起再擀开，从一端再次卷起，下剂。

（5）掐住剂子两端，用虎口处往中间收，轻轻下压，老北京糖火烧半成品就制作完成了。

（6）烤箱提前预热上下火 200℃，经过 15 分钟的烤制，老北京糖火烧就制作完成了，放凉后摆入盘中，即可食用。

4. 产品特点

味道浓郁，香馥宜人，老少皆宜。

5. 注意事项

（1）调制红糖麻酱的比例和方法。

（2）叠制成型的方法。

四、桃酥

1. 相关知识

桃酥是北京人十分喜爱的一款点心。因制作桃酥采用"油和面"，所以吃起来十分香甜酥脆。桃酥的种类非常多，常见的有核桃酥、杏仁酥、花生酥等，各种酥通常都是以加入的主要坚果来命名的（图7-4）。

图7-4 桃酥

2. 所用原料

面粉250克，白糖150克，鸡蛋50克，食用油100克，生核桃仁，泡打粉1克，小苏打3克。

3. 操作步骤

（1）首先将白糖、鸡蛋、食用油混合在一起搅拌，搅拌至微微发白即可。然后将面粉、泡打粉、小苏打倒入盆中搅拌混合均匀，最后将搅拌好的面粉直接倒入之前调制好的白糖、鸡蛋、油溶液中，混合，和成面团。

（2）桃酥下剂克数约为30克一个，将面团在手中轻轻揉搓，用手掌轻轻

下压。码放烤盘时注意距离应稍远，全部制作完成后，用手指轻轻下压中间部位，用蛋液刷至中心；将核桃仁倒入清水浸泡，沥去水分，将核桃仁压于桃酥中心部位，老北京核桃酥半成品就制作完成了。

（3）烤箱提前预热 200℃，烘烤 15 分钟，放凉装盘即可。

4. 产品特点

酥香可口，营养丰富。

5. 注意事项

（1）调制面团的顺序。

（2）烘烤的温度。

五、蒸蛋糕

1. 相关知识

蒸蛋糕是一款有名的宫廷小吃，以北京稻香村制作的最为著名。其色泽洁白、奶香浓郁，深受人们喜爱（图 7-5）。

图 7-5　蒸蛋糕

2. 原料

面粉 250 克，牛奶 250 克，泡打粉 10 克，白醋 3 克，绵白糖 100 克，水洗过的葡萄干 20 克，鸡蛋 100 克。

3. 操作步骤

（1）先将白糖、鸡蛋倒入盆中进行搅拌，搅拌至鸡蛋与白糖溶化混合呈流线状态，随后倒入牛奶，继续搅拌均匀即可，放入一旁备用。

（2）另取一盆，放入面粉和泡打粉进行混合；将面粉分次倒入牛奶鸡蛋的混合液中进行搅拌，搅拌至无颗粒状态，最后将白醋倒入蛋糕糊中。

（3）洗好的葡萄干放入模具中，将蛋糕糊倒入模具中八成满，蛋糕糊倒好后，旺火蒸制 10 分钟，出锅装盘即可。

4. 产品特点

松软可口，奶香浓郁。

5. 注意事项

（1）投料的顺序要正确。

（2）不要盛得过满。

六、驴打滚

1. 相关知识

驴打滚是传统的宫廷小吃，又叫豆面糕，多为回族同胞经营。因黄豆面烤熟后形似黄土，制作时撒黄豆面，很像旧时京城郊外野驴打滚"扑腾"尘土飞扬的样子，所以取名"驴打滚"（图 7-6）。

图 7-6　驴打滚

2. 所用原料

熟黄豆粉，纯净水，食用油，绵白糖，豆沙馅，糯米粉。软豆沙用少量纯净水稀释。

3.操作步骤

（1）准备深斗的盘子，封上保鲜膜，刷上食用油备用。

（2）将500克糯米粉、400克纯净水，搅拌至无颗粒状态。将调制好的粉糊，倒入刷好油的盘子中，大火蒸制15分钟。

（3）将白糖与熟黄豆面混合（黄豆面可以买生的，直接在锅里炒或烤箱烤，呈土黄色即可），熟黄豆粉轻轻地撒在案板上，将蒸好的粉团倒扣在案板上，上面继续撒一层黄豆粉，轻轻地擀开，擀成长方形；将豆沙馅均匀地抹在面坯上，从一端卷制，边缘处抹水，切小段装盘即可。

4.产品特点

绵软甜糯，回味悠长。

5.注意事项

（1）此为冷加工小吃，需要注意操作卫生。

（2）豆沙馅不可用生水调制。

七、酥排叉

1.相关知识

酥排叉酥脆可口，老少皆宜，是脍炙人口的一款经典小吃。即可佐酒，又可当零食，而且越嚼越香。按照口味可以分为酥排叉、蜜排叉、姜汁排叉等（图7-7）。

图7-7 酥排叉

2.所用原料

面粉 250 克，清水 120 克，黑芝麻，盐，香油，玉米淀粉。

3.操作步骤

（1）将面粉倒入碗内加入少量食盐混合，再将水分次倒入，和成面团倒入少量香油揉匀，面团和好后，封保鲜膜，放一旁饧制。

（2）案板上撒一些玉米淀粉防止粘连，将饧好的面团放在案板上，擀成厚度约 1 毫米的薄片，然后修剪成形，宽度约 20 厘米，从中间划一刀，一分为二，使其宽度为 10 厘米，两片相叠。切制时宽度约为 3 厘米，取两个面片折叠后，切深度约为五分之四，切三刀。然后打开，从顶端的一角，向里收，翻出，酥排叉的半成品就制作完成了。

（3）起锅烧油，油温大约三成热时，下入排叉的半成品。炸至微微发黄，即可出锅。

4.产品特点

金黄酥脆，薄如蝉翼。

5.注意事项

（1）面片不可过厚，否则不酥脆。

（2）炸制时油温不可过高。

八、豌豆黄

1.相关知识

豌豆黄是老北京著名的宫廷小吃，以北海仿膳最为有名。其主料通常为干豌豆瓣，经过再加工制成。稍粗糙的称为豆蹭糕儿，细腻的才称为"豌豆黄"。近些年也有用鲜豌豆做成绿色的豌豆黄，也深受人们喜欢（图 7-8）。

2.所用原料

去皮豌豆瓣，琼脂，绵白糖，清水。

3.操作步骤

（1）先将去皮豌豆瓣放入清水浸泡，封好保鲜膜，静置 8 小时。然后清洗两遍，再加入清水没过豌豆瓣 1 厘米处即可。

图 7-8　豌豆黄

（2）把琼脂剪碎，倒入清水浸泡，上蒸锅蒸化备用。豌豆大火蒸制 40 分钟，冷却后放入搅拌机打成蓉泥状，过筛备用。提前准备好模具。

（3）取不锈钢锅，下入豆泥、白糖和琼脂，中小火炒制，炒制时要注意不停地搅拌防止糊锅，炒至黏稠时即可出锅，倒入模具中后，待冷却后放入冰箱冷藏 4 小时。

（4）豌豆黄凝结好后，切块装盘即可。

4. 产品特点

爽滑细腻，清甜可口。

5. 注意事项

（1）锅具、勺具一定是不锈钢或铜制、木质的，不可以用铁制的器皿，否则成品容易发黑。

（2）冷加工食品，盛装的模具一定是干净的，且要防止串味。

九、艾窝窝

1. 相关知识

"白黏江米入蒸锅，什锦馅儿粉面搓。浑似汤圆不耐煮，清真唤作艾窝窝。"。馅心有芝麻白糖散馅或豆沙馅两种，深受北京市民喜爱（图 7-9）。

2. 所用原料

圆粒江米，糯米粉，山楂糕（金糕），豆沙馅。

图 7-9　艾窝窝

3. 操作步骤

（1）圆粒江米提前浸泡至手可以碾碎。投洗干净，倒入清水，没过米约 1 厘米，蒸制 30 分钟。

（2）糯米粉蒸制 20 分钟，过细筛即为熟粉，备用。

（3）山楂糕切丁备用。

（4）豆沙馅下剂备用。

（5）江米蒸好后，搅拌成团，下剂包入馅心，用虎口收好，整理成形点缀山楂糕，装盘即可。

4. 产品特点

质地黏软，口味香甜。

5. 注意事项

（1）冷加工食品，注意操作卫生。

（2）江米应泡透。

（3）蒸制好的江米应软硬适中。

十、小窝头

1. 相关知识

宫廷小窝头，相传是慈禧皇太后出宫落难时吃到的"栗子面"窝头。因为造型小巧，又有栗子的甜香味，慈禧对这个小窝头十分赞赏，便将小窝头制作

技法带回宫中，赐名宫廷小窝头。以北海仿膳饭庄制作最为正宗（图7-10）。

图7-10　小窝头

2.所用原料

细玉米面100克，黄豆面50克，蜂蜜，糖桂花，绵白糖，鸡蛋黄，清水适量。

3.操作步骤

（1）首先将玉米面、黄豆面倒入碗中进行搅拌，然后依次加入绵白糖、糖桂花、鸡蛋黄、蜂蜜进行搅拌，最后加入少量清水揉搓成团，饧制备用。

（2）把面团进行搓条下小剂，以小拇指为中心搓成窝头的样子即可，放入刷好油的蒸屉。

（3）大火蒸制10分钟，出锅装盘即可。

4.产品特点

香甜可口，小巧精致，粗粮细作，营养丰富。

5.注意事项

（1）玉米面应选用较细腻的。

（2）蒸制时间不可过长。

十一、门钉肉饼

1. 相关知识

门钉肉饼是传统的老北京清真小吃。饼皮酥脆，馅心多汁，做法简单（图 7-11）。

图 7-11　门钉肉饼

2. 所用原料

面粉 500 克，温水 350 克，牛肉馅，豆豉，黄酱，花椒，香油，鸡粉，洋葱，姜。

3. 操作步骤

（1）将面粉加入水，搓揉成团摔至光滑后，饧制备用。花椒沏水放凉备用。

（2）将洋葱切成洋葱粒，姜切末，豆豉切末，放在一旁备用。

（3）牛肉馅倒入盆中，加入姜末、黄酱、豆豉、花椒水、鸡粉，顺时针搅拌，最后放入洋葱丁，淋入香油，封好保鲜膜，放入冰箱冷藏 40 分钟，备用。

（4）将饧好的面团搓条，下剂，擀制成皮，包上调制好的馅心，收口；最后用双手揉搓成门钉形状，半成品坯做好了。

（5）饼铛提前预热 10 分钟，把生坯码入饼铛后，加入开水，盖盖的时候不用盖得太严。待水第一次蒸发完后，在饼坯上轻轻地刷上油，刷完油后，进行翻面，全部翻过后，进行二次刷油，然后第二次点水，待两面都煎制成熟，出铛装盘即可。

4. 产品特点

薄皮大馅，形似门钉，鲜嫩多汁。

5. 注意事项

（1）门钉肉饼的成型。

（2）烙制时的火候。

十二、开口笑

1. 相关知识

开口笑是北京有名的小吃，老少皆宜，因外形圆润可爱，每个自然开口，像是微笑面对这个世界，故取个好彩头，名曰"开口笑"，也代表着北京人的乐观开朗，对美好生活的无限向往（图7-12）。

图7-12　开口笑

2. 所用原料

面粉250克，白糖100克，泡打粉3克，生白芝麻仁，食用油100克，鸡蛋100克，清水。

3. 操作步骤

（1）将鸡蛋、白糖混合搅拌，备用。

（2）将面粉、泡打粉混合，下入调好的糖蛋液，加入油一同搅拌，揉搓成团备用。

（3）将面团搓条、下剂，放入水中稍浸泡后捞出裹匀芝麻，备用。

（4）油温大概四成热时，把开口笑的生坯下入油锅内，中火炸至金黄色，捞出控油装盘即可。

4. 产品特点

甜酥可口，麻香宜人。

5. 注意事项

（1）下剂子的克重不宜过大，以 10 克为宜。

（2）炸制时油温不宜过高。

十三、糊塌子

1. 相关知识

糊塌子是北京人比较喜欢的一款主食，因其原料简单家常，制作省时省力，故广泛流传于北京京郊一带。它主要的原材料是面粉、西葫芦、鸡蛋，现在人们注重颜色搭配和营养，根据自己的喜好加入了黄瓜、胡萝卜等配料。另外，在京郊地区，老百姓还喜欢搭配醋蒜汁一同食用，别有一番风味（图 7-13）。

图 7-13　糊塌子

2. 所用原料

中筋面粉 500 克，胡萝卜、西葫芦共 200 克，温水 400 克，鸡蛋 100 克，大葱、盐、色拉油适量。

3. 操作步骤

（1）胡萝卜、西葫芦洗净切丝，葱切末备用。

（2）面粉 500 克，鸡蛋 100 克，温水 400 克，分次加入搅拌至无颗粒状面糊，加入切好的胡萝卜丝、西葫芦、盐、葱花、食用油，搅拌均匀即可。

（3）饼铛预热 200℃，淋入少量的食用油，将面糊摊平，两面烙制成熟，改刀装盘即可。

4. 产品特点

营养丰富，方便快捷，松软可口，老少咸宜。

5. 注意事项

（1）调制粉糊不可过稀。

（2）烙制时间不宜过长。

十四、芸豆卷

1. 相关知识

芸豆卷是慈禧太后非常喜欢的一道小吃甜点。它利用白芸豆、豆沙制作而成，以北海仿膳制作的最为著名。其与豌豆黄、驴打滚、艾窝窝并称"四大宫廷小吃"（图 7-14）。

图 7-14　芸豆卷

2. 所用原料

白芸豆，绵白糖，豆沙馅，熟白芝麻、纯净水。

3. 操作步骤

（1）将白芸豆冷水泡制 12 小时，泡好后去皮，煮制半熟。

（2）将煮至半透明状的芸豆装入纱布，入蒸锅蒸制 40 分钟。过密漏，碾压成白芸豆泥，备用。

（3）用少量纯净水将豆沙馅澥开。

（4）将白芸豆泥放入白布中，擀成长方片，修剪成长方形。

（5）将豆沙馅搓成长条，中间撒上绵白糖，最后把白芝麻撒在中间，进行卷制，切小块即可。

4. 产品特点

绵软细腻，入口即化。

5. 注意事项

（1）此款为冷加工食品，请注意操作卫生。

（2）白芸豆泥不可水分过多。

十五、酸梅汤

1. 相关知识

老北京酸梅汤是北京人在炎炎夏日最喜欢的一款冷饮之一。其中以信远斋制作的酸梅汤最为著名。过去走街串巷售卖，俗称"打冰盏儿""冰碗儿"，是北京人难忘的记忆（图 7-15）。

图 7-15　酸梅汤

2. 所用原料

乌梅、冰糖、干桂花、山楂干、甘草、蜂蜜、糖桂花。

3. 操作步骤

（1）准备一个煲汤袋，加入乌梅、山楂干、甘草、陈皮，封好料包。

（2）锅中烧水，水开后下入料包，改文火煮制40分钟。

（3）取出料包，关火放凉。加入冰糖、糖桂花、蜂蜜，搅拌至融化，放入冰箱冷藏4小时。

（4）食用时，将冰镇酸梅汤盛入碗中，点缀少许桂花装饰，即可。

4. 产品特点

酸甜可口，解腻解烦，沁人心脾。

5. 注意事项

（1）熬煮酸梅汤不要用铁器，应用不锈钢器皿。

（2）储存时要封好保鲜膜，谨防串味。

（3）本品有少许果肉沉淀是正常的。

十六、炒红果

1. 相关知识

炒红果是北京人冬天喜爱的一款小吃，也称"榅桲儿"，其实就是糖水煮山楂。因满族人不分炒和煮，所以就叫成了"炒红果"。冬天吃上一碗，解腻，开胃，沁人心脾，多为回族同胞经营（图7-16）。

图7-16 炒红果

2. 所用原料

山楂、冰糖、桂花。

3. 操作步骤

（1）将山楂洗净，分成两半去籽待用。

（2）锅内加入大量水，依据口味放入冰糖，熬煮。

（3）倒入洗净的山楂，文火煮制 5~10 分钟，放入糖桂花冷藏即可。

4. 产品特点

酸甜开胃，冰凉可口，沁人心脾。

5. 注意事项

（1）不要使用铁锅，以免影响成品颜色与口感。

（2）煮制山楂时，要用文火，时间不宜过长。

（3）储藏冰箱中，应注意密封，以免串味。

十七、杏仁豆腐

1. 相关知识

相传杏仁豆腐是慈禧比较喜爱的一款甜品。选用承德的甜杏仁，去皮磨成杏仁露，加上白糖、琼脂一同熬煮，冷却放凉后凝结成像豆腐一样的固态，冰凉爽口，清热去火，是北京人夏天不可多得的一款甜品（图 7-17）。

图 7-17 杏仁豆腐

2. 所用原料

杏仁露、牛奶、琼脂、白糖、桂花、蜂蜜、时令水果。

3. 操作步骤

（1）将杏仁露与牛奶按 1:1 的比例混合，琼脂用冷水泡软，水果切丁备用。

（2）根据个人口味将白糖加入混合的杏仁露中；取干净盆，倒入纯净水，调入桂花和蜂蜜。

（3）小火熬煮，加入琼脂，待水开后，加入糖桂花。然后过筛倒入干净的模具中，冷藏。

（4）冷藏后将凝结好的杏仁豆腐切成方丁。倒入调好的蜂蜜水，点缀水果丁即可。

4. 产品特点

洁白如玉，软嫩香滑，香味浓郁。

5. 注意事项

（1）不要用铁锅，以免影响颜色与口感。

（2）煮制时要用文火，以防糊底。

（3）储藏冰箱中，应注意密封，以防串味。

十八、红枣核桃酪

1. 相关知识

相传红枣核桃酪是宫廷的甜品，因做法细腻、味道醇厚，被定为开国第一宴的招待饮品。红枣核桃酪又因味道浓郁，深受社会各界（名流）喜欢，其中最具代表性的是梅兰芳先生、梁实秋先生、齐白石先生等人。因季节不同，冬天可以喝温热的，暖宫暖胃；夏天可以喝冰镇的，沁人心脾（图 7-18）。

2. 所用原料

红枣，去皮核桃，圆粒江米，冰糖。

3. 操作步骤

（1）红枣洗净，蒸制 30 分钟；去核，加少量水搅拌成枣泥，过筛两次备用。

图 7-18　红枣核桃酪

（2）去皮核桃清洗干净，入 180℃烤箱烘焙 15 分钟，放凉备用。

（3）圆粒江米提前浸泡，控净水，与核桃、清水一同入搅拌机搅拌，过筛备用。

（4）锅中倒入江米核桃浆、冰糖、枣泥，文火煮制，不停地搅拌，谨防糊底。

（5）熬制微黏稠时，盛出过筛，即可。

4. 产品特点

枣香浓郁，营养丰富，细腻醇厚。

5. 注意事项

（1）不要用铁器熬煮，宜用铜质或陶瓷器皿加工。

（2）熬煮时要不停搅拌，谨防糊底。

（3）过筛步骤不可省略，以保证成品细腻。

十九、卤煮火烧

1. 相关知识

起源于宫廷名菜"苏造肉"，相传为御厨张东官所创；因猪肉价格昂贵，所以此菜流传于民间时，主要以猪下水为主、五花肉为辅，加上炸豆腐和火烧，味道醇厚，解馋饱腹，深受劳动人民喜爱（图 7-19）。

图7-19　卤煮火烧

2.所用原料

面粉、泡打粉、猪大肠、五花肉、猪肺、猪心、北豆腐等。

3.操作步骤

（1）面粉加泡打粉和水，混合成团，备用。

（2）猪大肠、猪肺、猪心洗净焯水，锅中加底油炒香黄酱，加花椒、大料、葱、姜、桂皮、腐乳、白酒炖制成熟，备用。

（3）五花肉、北豆腐炸制备用。

（4）面团下剂子，烙制成熟，改刀成块，同炸好的五花肉、炸豆腐放入卤汤中一同煮制。

（5）香菜洗净切末；干辣椒炸制辣椒油；酱豆腐捣碎成腐乳汁；韭菜花酱稀释备用；蒜洗净切末，加饮用水、盐、香油兑成蒜汁。

（6）取一干净大碗，将大肠剁段，猪心切片，五花肉切片，炸豆腐切块，猪肺切块以及火烧盛入碗中，浇上老汤。食用时依据个人口味搭配佐料即可。

4.产品特点

酱香浓郁，口感丰富。

5.注意事项

（1）火烧面团应稍硬，烙制时温度不宜过高。

（2）所有食材应文火煮透，滋味才丰厚。

二十、炒肝

1. 相关知识

相传是清末会仙居饭庄根据其"清水杂碎"改良而成。主料为猪大肠，而猪肝只占一小部分。按中餐刀口来说，猪大肠熟后切顶针段，猪肝则切柳叶片，为的是喝时转碗可以容易地吸进去。食用炒肝时通常搭配包子。比较有名的老字号是姚记炒肝、缘赵记炒肝等（图 7-20）。

图 7-20　炒肝

2. 所用原料

猪大肠、猪肝、蒜、淀粉、酱油、老抽等。

3. 操作步骤

（1）猪大肠清洗干净，加葱、姜、花椒、大料等煮制成熟；放凉后切顶针段。

（2）猪肝切片，加盐、料酒、淀粉，上浆腌制，过开水备用。

（3）蒜切末，备用。

（4）锅中留底油，下入蒜末，加入水、酱油、盐调味，放入大肠和猪肝，勾芡，最后撒入生蒜末混合搅拌即可。

4. 产品特点

蒜香浓郁，肥肠软烂，猪肝鲜嫩，味道醇厚。

5. 注意事项

（1）蒜末应分2~3次加入。

（2）勾芡的时机和稀稠度应把握好。

二十一、龙须面

1. 相关知识

龙须面是北京宫廷小吃，是从山东抻面演变而来的精品，至今已有300多年的历史。原为御膳房为皇帝打春吃春饼所做的一种炸货，因其细如发丝，起名"须子"，是皇帝每年吃春饼不可少的佳肴之一，也是我国北方传统风味筵席面点品种之一。相传明代御膳房里有位厨师，在立春吃春饼的日子里，做了一种细如发丝的面条，宛如龙须，皇帝胃口大开，边品尝，边赞赏，龙颜大悦，赞不绝口。从此，这种炸制的面点便成了一种非常时尚的点心。由于抻面的姿势，如气壮山河一般，抻出的面细如发丝，犹如交织在一起的龙须，故名龙须面（图7–21）。

图7–21　雪花龙须面

2. 所用原料

面粉，盐，白糖，植物油。

3. 操作步骤

（1）面加水和盐，和成面团，饧2小时后抻成50厘米长的长条，然后反复拉伸折叠（溜面12次），抻成细丝。

（2）锅中放入油，烧至三四成热，把抻好的细丝放入油锅中用筷子挑散，炸至硬挺呈浅黄色时马上捞出，控净油，整齐地摆放在盘里，撒上一层白糖即成。

4. 产品特点

色泽米白，香甜脆爽，技术性强。

5. 注意事项

（1）制作龙须面用普通面粉，经和面、饧面、溜面、出条、抻面而成。和面时要根据气温、湿度，加入适量的盐和清水；饧面是将和成的面团用湿布盖好，放置2小时左右；溜面是将面团在案板上抻成长1米左右、直径10厘米左右的长面条，手执两端，反复溜20~30下，把面筋顺直；出条是将长面条对折成2根，放在案板上撒上面粉；抻面是将面两端提起，随着上下摆动向外抻拉，然后对折成4根再抻拉，如此抻拉对折9次，每折1次，面条根数加1倍，到第9次，正好是512根，第13次即成8192根细如发丝的龙须面。

（2）龙须面在滚油里炸熟，洒上白糖，点缀些金糕，便成为油炸龙须面。

二十二、银丝卷

1. 相关知识

银丝卷是汉族传统小吃，亦是京津地区著名小吃。银丝卷以制作精细、面内包以银丝缕缕而闻名。除蒸食以外还可入炉烤至金黄色，也有一番风味。银丝卷经常作为高档宴会点心，其色泽洁白，入口柔和香甜、软绵油润，余味无穷（图7-22）。

图7-22　银丝卷

2.所用原料

面粉，酵母，糖，南瓜粉，清水适量。

3.操作步骤

（1）面粉加水和糖，和成面团，取其中一块面团加入南瓜粉揉均匀，饧2小时后搓成50厘米的长条，然后反复拉伸折叠（溜面12~13次），抻成细丝形似龙须，上面刷油。

（2）将剩下的面团，擀成长方形片，上面放面丝段，将面皮左右两边翻起盖在面丝上，再把前后两边折卷起来，将面丝全部包严（注意不要包卷得太松或太紧），放入蒸锅饧10分钟取出，再放入蒸箱内蒸15分钟，切成8厘米左右的段即成。

4.产品特点

色泽洁白，暄软适口，层次清晰。

5.注意事项

（1）抻面的粗细应均匀。

（2）面团二次饧发应到位。

二十三、寿桃

1.相关知识

寿桃也指祝寿所用的桃，一般用面粉做成。神话故事中，西王母娘娘做寿，设蟠桃会款待群仙，所以民间一般习惯用桃来做庆寿的物品。北京人注重孝道，每逢家中老人长辈过生日或重阳节，馈赠寿桃，以示美好祝愿（图7-23）。

2.所用原料

面粉、酵母、泡打粉、白糖、豆沙馅、菠菜粉、红曲粉各适量。

3.操作步骤

（1）将泡打粉、酵母、白糖倒入面粉中，和成面团，揉均匀。

（2）将面团下剂，擀成四周薄、中间厚的皮，包入馅心封口，搓出桃尖，用馅尺打出桃印。

图 7-23　寿桃

（3）另取一块面加入菠菜粉调成绿色，做成桃叶，抹水贴在两侧成生坯。中央用另一块面加入红曲粉揉均匀，盘出寿字或者用模具直接按出寿字，成生坯。

（4）二次饧发 15 分钟，旺火蒸熟，顶部用适量食用红色素点喷出桃尖，装盘即可。

4. 产品特点

形似鲜桃，暄软适口，寓意美好。

5. 注意事项

（1）制作寿桃对发面团的技术要求要高些，制品要大小一致，均匀整齐。

（2）蒸制之前一定要饧至起发，主桃与配桃之间要有一定的大小比例，做到面皮紧实、洁白，莹润不塌陷。

（3）上色要均匀，色彩要协调。

（4）寿桃的规格档次：有桃篮、有套桃、有寿桃山等。根据要求不同，配置不同。

二十四、姜汁排叉

1. 相关知识

姜汁排叉，又叫姜丝排叉、姜酥排叉、蜜排叉。它是北京传统小吃的一个品种。因每年6~8月北京气候湿润，排叉吸潮不脆，所以用姜汁蜜水包裹住排叉，别有一番风味。值得一提的是南来顺的姜汁排叉，1997年被评为"北京名小吃"和"中华名小吃"（图7-24）。

图7-24　姜汁排叉

2. 所用原料

水油皮：面粉，玉米油，姜汁，温水适量。

干油酥：面粉，玉米油。

糖浆：白糖，水，蜂蜜，姜丝，金糕丁，青梅丁适量。

3. 操作步骤

（1）用摔面的方法将水油皮和成面团，用搓擦的方法将干油酥和成面团，备用。

（2）将糖浆里的所有原料放入锅中熬开至微微浓稠，倒入小盆晾凉。

（3）将面团擀成长方形面片，对折，然后再擀开成长方形，切长5厘米宽2厘米的小段，将面片对折中间切三刀不断，翻成排叉生坯。

（4）温油放入生坯，炸至米白或淡黄色捞出，将油温升高，复炸至焦脆捞出控油。然后放入糖浆中浸泡2分钟捞出控去糖浆码盘，表面用京糕粒、青梅粒点缀即可。

4. 产品特点

晶莹剔透，姜味浓郁，甜而不腻。

5. 注意事项

（1）面坯叠制的手法。

（2）半成品的成型手法。

（3）炸制的油温不宜过高。

二十五、肉末烧饼（圆梦烧饼）

1. 相关知识

相传清光绪年间，慈禧做了一个梦，梦见第二天御膳吃肉烧饼。没想到第二天一传膳，果真有一盘肉烧饼。慈禧心想事成，又因为制作此点心御厨名叫赵永寿，名字也十分讨喜，也会说奉承的吉祥话。所以慈禧大大地赏赐了御厨，并赐名：圆梦烧饼（图7-25）。

图7-25　肉末烧饼

2. 所用原料

面粉，酵母，泡打粉，白糖，温水。牛肉末、葱花和姜末适量，黄酱水，酱油，盐，糖，胡椒粉，味精，香油、白芝麻。

3. 操作步骤

（1）面粉加酵母、温水，和成面团，备用。

（2）肉馅用开水焯制，控水备用，葱、姜切末备用。

（3）锅中留底油，下入姜末和一半的葱末，炒出香味后加入肉末煸炒，加入白糖、白胡椒粉、黄酱，酱油炒制干香出锅，撒入另一半葱花拌匀备用。

（4）将面团下好大剂子，另取一部分剂子，搓成小剂子泡入油中；将大剂子包入沾油的小剂子，包成圆形。刷白糖水后蘸白芝麻，饧发 15 分钟，入200℃烤箱烤制 15 分钟。

（5）将烤好的烧饼，取出中间的面团。填入炒好的肉末，装盘即可。

4. 产品特点

外焦里嫩，肉香扑鼻。

5. 注意事项

（1）肉馅应为中粗。

（2）炒制时要煸干煸透。

（3）小面剂要泡入油中泡透。

二十六、豆馅烧饼（蛤蟆吐蜜）

1. 相关知识

豆馅烧饼又称蛤蟆吐蜜，香甜适口，豆香宜人，是北京汉族小吃中的常见品种。因外形神似一只蹲坐的蛤蟆，且在烤的过程中裂开了口，露出了诱人的内馅，所以就被人们取了这么形象的名字。

豆馅烧饼（蛤蟆吐蜜）薄皮大馅，皮面干软，芝麻酥香，豆馅香甜，适合喜欢吃豆馅甜食的人（图 7-26）。

图 7-26　蛤蟆吐蜜

2. 所用原料

面粉，干酵母，小苏打，清水，豆馅，桂花适量，白芝麻适量。

3. 操作步骤

（1）面粉加入一些小苏打，先和成稍硬的面团备用，豆馅提前下好剂子备用。

（2）将面团搓成长条状，下剂子，包馅。按压成圆饼状，四周蘸上一圈水并黏上芝麻。

（3）烤箱预热190℃烘烤15分钟；在烘烤时由于皮面较硬，豆馅遇热后体积膨胀，会将皮面拱出裂缝，豆馅也会从破口处拱出一些，于是人们就将这种烧饼形象地称为"蛤蟆吐蜜"。

4. 产品特点

豆香浓郁，造型美观，甘松香甜。

5. 注意事项

（1）封口要严实，芝麻要黏均匀紧实。

（2）烤制时炉温不宜过高。

（3）豆馅不是豆沙，要有颗粒感，咀嚼到红豆的香味，切记不可用细豆沙。

二十七、京式盆糕

1. 相关知识

盆糕是北京地区特色传统名点之一，过去北京的切糕铺一般在冬季经营盆糕（图7-27）。隆冬腊月，吃一块刚出锅的盆糕，既御寒保暖，又果腹。真可谓："寒冬腊月雪花飘，门内青烟唤盆糕。旧京美食实难忘，不知今日何处销。"

过去的时候，盆糕是在底部带眼的特制瓦盆内做出来的，盆糕下屉后用刀切为两个半圆摞起来，用湿布盖好即可上街。有人买时，按顾客要求当场切块出售。盆糕价格不贵，又很经饿，常被人买回家或蒸或炸当作午晚餐。

2. 所用原料

花芸豆，糯米粉，红枣，水，白糖。

图 7-27 京式盆糕

3. 操作步骤

（1）将花芸豆用清水浸泡 6 小时，蒸熟，沥干水后倒入盆中，加入糯米粉搅拌均匀，加入少许清水，拌成生粉浆，红枣焯水铺入笼屉中。

（2）将生粉浆倒入铺好的红枣中，旺火大气蒸 25~30 分钟，通常蒸的时间根据厚度决定。

（3）将蒸好的粉糕取出，从中间切开，重叠压实，切块表面撒白糖，码盘即可。

4. 产品特点

口感黏糯，红枣香浓，豆子软烂。

5. 注意事项

（1）花芸豆要提前泡透，隔水蒸至酥软。

（2）红枣要焯水煮透。

（3）将蒸熟的粉糕取出，从中间切开一定是重叠码，放压实，再改刀。

二十八、老北京烀饼

1. 相关知识

也称作"糊饼"，因北京人爱吃粗粮，称玉米面也叫棒子面。在北京的京郊地区，是家家户户常吃的一道粗粮食品，也是乡村旅游最受欢迎的一道主食（图 7-28）。

图 7-28　老北京烀饼

馅心通常为韭菜、鸡蛋、虾皮，底部焦香酥脆，让人回味无穷。

2. 所用原料

中粗玉米面，清水，韭菜，鸡蛋，虾皮，盐，香油。

3. 操作步骤

（1）将韭菜洗净控水，切末。锅中烧油，将鸡蛋炒碎放凉。

（2）米面加少量清水调成干散的湿粉状，这种状态就像湿沙子一样，用手一攥能成团，轻轻一碰能散开，就是最合适的程度。

（3）将调好的玉米面撒在电饼铛或平底锅上，用手或铲子将玉米面压实，再进行加热。将韭菜末、熟鸡蛋碎和虾皮混合一起，加入盐和香油调味均匀，撒在玉米饼坯上。

（4）待玉米饼坯可以轻松在饼铛内转动，即可盛出，改刀装盘。

4. 产品特点

颜色翠绿，底部焦脆金黄，口感鲜香。

5. 注意事项

（1）玉米粉面颗粒要中粗的，这样吃起来口感好。

（2）清水不能多加，成干散的粉沙状即可。

（3）馅心一定要熟透，尤其是韭菜鸡蛋馅，必须加热成熟，不然吃完会造成"烧心"等不适。

二十九、糖油饼

1. 相关知识

北京最大众化的早点中有一种是深受人们喜爱的，那就是油饼，这也是很多人的童年记忆。按口味可以分为糖油饼和咸油饼（也称白油饼）；按糖的品种又可以分为红糖油饼和白糖油饼；按形状又可以分为圆形油饼或长方形油饼等（图7-29）。

图7-29　糖油饼

很多人吃油饼时会佐以辣咸菜丝，或是搭配烧饼、豆腐脑、豆浆一同食用。多为回族同胞经营，比较有名的是牛街小吃店、黑窑厂油饼店等。

2. 所用原料

标准粉，油条膨松剂（无铝），植物油，鸡蛋，盐，红糖或白糖。

3. 操作步骤

（1）将面粉加入鸡蛋、白糖、盐和色拉油混合，用水和成面团，揉均匀备用。

（2）将面饧4~6小时，中途应叠面不少于5次；取出四分之一的面放入白糖或红糖，和成糖面团，备用。

（3）将白面团下剂分割，再将糖面团下剂分割；两个面团上下叠压擀制，用面杖戳两个洞。

（4）油温5成，将油饼抻圆成生坯放入油锅中，两面炸至金黄捞出即可。

4. 产品特点

外形饱满，色泽棕黄，口感外焦里嫩，香脆柔韧。

5. 注意事项

（1）配料应准确，且饧制过程中要叠面。

（2）炸制时要控制好油温，油温不可过低。

三十、江米小枣粽子

1. 相关知识

粽子是中华民族传统节庆食物之一。粽子早在春秋之前就已出现，最初是用来祭祀祖先和神灵。到了晋代，粽子成为端午节庆食物。古代将粽子称为"角黍"，最早的记载见于 1600 多年前西晋新平太守周处所写的《风土记》："仲夏端午，烹鹜角黍。" 200 多年后，南朝梁文学家吴均在《续齐谐记》中说："屈原五月五日投罗而死，楚人哀之，遂以竹筒贮米投水祭之。"于是就此相沿成俗（图 7-30）。

图 7-30 江米小枣粽子

汉代许慎《说文解字》中已有粽子的释义是芦叶裹米的食物。明代《本草纲目》中，也有"古人以菰叶裹黍米煮成尖角，如棕榈叶之形，故曰粽"的记载。

端午食粽的风俗，千百年来，在中国盛行不衰。其中粽子又有南、北之分，北京以小枣粽子最为著名。北京的粽子，大多使用苇叶、马莲、江米、黏

黄米、小枣、蜜枣。北京的小枣粽子口感黏糯、枣香浓郁、粽叶清香。

2.所用原料

圆粒江米，小枣，苇叶，马莲草。

3.操作步骤

（1）将糯米和小枣用清水泡2~4小时，苇叶、马莲草提前泡透，煮5~6分钟，捞出放入清水过凉备用。

（2）将2片粽叶放在一起铺平，卷成漏斗形，放入泡好的糯米，再放入适量小枣，包成粽子形，用马莲做绳系好成生坯。

（3）将包好的粽子整齐紧实地码入锅中，加入清水，水没过粽子生坯表面，压入一个重点的盘子，水开中火煮1~1.5小时，然后焖2小时。

4.产品特点

口感黏糯，枣香浓郁，粽叶清香。

5.注意事项

（1）糯米必须提前浸泡2小时以上。苇叶选择新鲜略宽的叶子为佳。

（2）成型要求：包卷成漏斗形，通常为四个角。

（3）煮粽子的水量要足，要用小火慢煮的方法。

三十一、金糕

1.相关知识

金糕又称京糕，俗称山楂糕。已有几百年历史，据说金糕是皇家赐名。京糕也是清朝满汉全席中糕点之一：万寿宴里饽饽四品中的一道糕点。京糕主料是山楂，搭配上白砂糖和桂花制作而成。这道糕点原本应该叫作山楂糕或者京糕，但是因为慈禧最爱吃这道糕点，所以赐名"金糕"（图7-31）。

2.所用原料

山楂，冰糖，桂花。

3.操作步骤

（1）红果加适量食盐浸泡，用清水洗净，将果核、果蒂提前去除。

（2）煮至山楂果软烂即可，用破壁机直接打成泥，过筛备用。

图 7-31 金糕

（3）将过滤好的果泥倒入不锈钢锅中，加入适量冰糖，小火慢煮，边熬边搅动，煮到黏稠时，关火加入桂花。最后将果泥盛到容器中冷藏。

（4）改刀切块装盘即可。

4.产品特点

色泽亮丽，酸甜适口，营养开胃，清爽怡人。

5.注意事项

（1）制作金糕的原料以大红袍、大金星、小金星等品种为好。

（2）煮制时要用不锈钢或陶制器皿，谨防氧化。

三十二、炸三角

1.相关知识

炸三角，是北京地区特色传统名点之一，距今有100多年的历史。炸三角表面焦脆而不硬，油泡均匀，色泽金黄，味道清香鲜美，馅分荤、素两种。前门都一处的炸三角最为有名（图 7-32）。

清《帝京岁时记胜》中写道："正月荐新品物，则青韭卤馅包，油煎肉三角。"北京的炸三角又分汉民炸三角和回民炸三角，汉民的炸三角是烫面，以猪肉韭菜馅最为经典，回民的炸三角是不烫面，馅心有点像"焖子"，各具特色。

图 7-32　炸三角

2.所用原料

面粉，开水，冷水。韭菜，肉馅，黄酱，肉皮冻，胡萝卜丝，盐，味，鸡粉，香油。

3.操作步骤

（1）面粉用开水烫成大块，散气晾凉，然后加入冷水，和成面团饧发，备用。

（2）韭菜洗净控水，加肉馅，黄酱，肉皮冻，胡萝卜丝，盐，味精，鸡粉，香油，混合调成馅心。

（3）将面下剂擀成圆形，用刀从中间切成两半。然后将半圆形饼对折成扇形，把双边的直边捏紧、捏严或者捏成花纹，撑开装上馅，再把口捏紧、捏直或者锁上花纹就成生坯。

（4）把生坯下入旺油锅内，用中火炸熟，呈金黄色，捞出码盘即可。

4.产品特点

表面焦脆，色泽金黄，营养丰富、味道清香鲜美。

5.注意事项

（1）烫面时要注意水温，一次烫透。

（2）注意上馅和成型手法。

（3）油温不可过低，五成热为宜。

三十三、奶油炸糕

1. 相关知识

奶油炸糕是北京著名的传统风味小吃，也是老北京小吃十三绝之一。奶油炸糕历史悠久，它是由元朝蒙古族人的饮食习惯沿袭下来的，主要原料是面粉，配料是鸡蛋、奶油、黄油，通过文火炸制而成，吃时需撒上白糖。奶油炸糕色泽金黄、形状饱满、外焦里嫩，有浓郁的奶香味，制作精细，吃后让人赞叹（图 7-33）。

图 7-33　奶油炸糕

2. 所用原料

面粉，糖，黄油，水，鸡蛋，奶油，植物油，白糖。

3. 操作步骤

（1）将水加黄油煮沸，水开后，改用小火，将面粉倒入锅内，迅速搅拌直到面团由白色变成灰白色，不黏手时，取出稍晾成烫面团。

（2）将面团散气晾凉，鸡蛋逐个加入，分几次加入烫面中。

（3）油温三成热，用挤丸子的方法将面挤入油锅中，文火炸至蓬松开口后，大火加温定型即可。

（4）捞出码盘，表面撒白糖。

4. 产品特点

外焦里嫩，奶香浓郁，营养丰富，易于消化。

5. 注意事项

（1）烫面的水温要高。

（2）鸡蛋要逐个加入搅拌。

（3）炸制时油温不可过高。

三十四、小枣切糕

1. 相关知识

小枣切糕，北京特色传统名点，是备受北京人喜爱的小吃（图7-34）。北京枣切糕，分为黄、白两种面制成。有诗云："燕京推车卖切糕，白黄枣豆有低高，凉宜夏日冬宜热，一块一咕一奏刀。"

图 7-34　小枣切糕

小枣切糕不仅平时会出现在街头巷尾，每逢庙会也必然会出现。商贩多在洋车后架支起一块正方木板，木板上是一块锃亮的铁板，铁板上放着热气腾腾的切糕，切糕上面再盖一块白色的带有塑料布的小棉被。一把长方形的刀插在水桶里，一句："切糕——热乎的！"叫卖声，唤起多少北京人童年美好的记忆。

2. 所用原料

圆粒江米，小枣，清水。

3. 操作步骤

（1）将糯米用清水泡一夜，捞出沥干水分，蒸1小时，取出必须加入开水

（吃浆），边加边搅动成稠粥状，然后捶打或搅动成碎米团，再上屉蒸 30~40 分钟，同时小枣一起蒸制 。

（2）将蒸好的糯米团和小枣，分层码入模具中，通常是3层米夹2层枣，压实后自然冷却，冷热食用均可。

4. 产品特点

口感黏糯，色泽明亮，枣香浓郁。

5. 注意事项

（1）江米必须提前浸泡透。

（2）加水一定要加开水，搅拌均匀，最后加枣压实。

三十五、春饼

1. 相关知识

在清代《燕京岁时记》中记载："立春先一日，顺天府官员，在东直门外一里春场迎春。立春日，礼部呈进春山宝座，顺天府呈进春牛图，礼毕回署，引春牛而击之，曰打春。"

立春当日，北京人都要吃春饼，名曰"咬春"。立春时节的北京往往还看不到绿色的春意，便发明了春饼，就像是人们寄予春天的希望，薄薄的两张小饼卷着满满的春意盎然，一口咬下去，讨了个好彩头，自然也是顺理成章的事儿了（图7-35）。

图 7-35 春饼

北京人吃春饼，是用白面擀成圆形的饼，经烙制或蒸制而成。所谓春饼，又叫荷叶饼，其实是一种烫面薄饼，用两小块面，中间抹油，擀成薄饼，烙熟后可揭成两张，卷着菜吃。

老北京人立春吃春饼与普通的烙饼不一样，讲究用烫面，烙出来不仅要薄，而且一张春饼要能一分为二地揭开。饼里夹上菜，菜码一定要多，要荤素搭配，有酱牛肉、酱猪头肉、熏肚、熏肘子、酱口条、酱小肚、烤鸭等肉菜，还要有炒粉丝、炒菠菜、炒豆芽，炒合菜等素菜，通常炒好菜后还要摊个鸡蛋"盖帽"。

老北京吃春饼还讲究从头吃到尾，也就是吃春饼前用葱丝、黄瓜条蘸甜面酱，抹到春饼里，夹上合子菜一卷，从一头吃到另一头，这就叫作"有头有尾"，寓意合家欢乐、幸福美好。

2. 所用原料

面粉，开水，植物油。

3. 操作步骤

（1）面粉用开水烫半熟，然后用少量冷水和成面团，饧20分钟备用。

（2）将面团下剂，整齐码好后按扁，表面抹油撒面粉，将两个面剂扣在一起按扁，擀成圆皮。

（3）饼铛提前预热180℃，放入生坯烙成熟出锅，取出立即揭开折好即可。

4. 产品特点

色泽洁白，口感劲道，营养丰富，寓意美好。

5. 注意事项

（1）面粉选用高筋粉。

（2）成型方法要得当。

（3）烙制时不可温度过高。

三十六、藤萝饼

1. 相关知识

藤萝饼，老北京四季糕点之一。过去每到春季，北京人都喜欢用花和面制作应时食品，藤萝饼就是采当季的藤萝花制作的，是老式点心铺里相当风雅的时令美点（图 7-36）。

图 7-36　藤萝饼

春末夏初，正是藤萝花开的时候，梁实秋先生说"藤萝花开，吃藤萝饼，玫瑰花开，吃玫瑰饼"。

在北京的春天会吃藤萝饼，比较有文化气质的做法是酥皮藤萝饼，当年宴请泰戈尔的点心就有它，藤萝在谷雨时节开放，像是一抹淡紫色的云霞。

2. 所用原料

水皮：面粉，猪油或者植物油，紫薯粉，水适量。

油心：面粉，猪油或者植物油，紫薯粉适量。

馅心：紫薯泥，紫藤花，黄油，糖。

3. 操作步骤

（1）将水油酥中所有原料放一起，和成面团，干油酥搓擦成面团，备用。

（2）锅里放黄油，倒入紫薯泥加白糖炒均匀，放凉后加入紫藤花拌匀。馅心揉球备用。

（3）采用大包酥方法开酥，擀成长方形面片，从中间切开，卷成长条，封口向上，按扁下剂，25 克一个。

（4）将剂口面向上包入馅心，团包封严口，剂口面向上按扁成生坯，翻过来正面向上。

（5）炉温 180℃，烤 12~15 分钟，出炉冷却食用。

4.产品特点

色泽淡紫，时令性强，淡淡清香，沁人心脾。

5.注意事项

（1）馅心的处理，要对采摘的紫藤花进行盐水浸泡处理，一般泡20分钟，再用清水反复淘洗几次，控干水分再用。

（2）注意成型手法。

三十七、五毒饼

1.相关知识

五毒饼是中国传统节日食俗，也是北京端午节特色食品，即以五种毒虫花纹为饰的饼。五毒饼的原型就是玫瑰饼，只不过用刻有蝎子、蛤蟆、蜘蛛、蜈蚣、蛇"五毒"形象的印子，盖在酥皮玫瑰饼上（图7-37）。

图7-37　五毒饼

早在清朝时期的《燕京岁时记·端阳》中就有记载：每届端阳以前，府第朱门皆以粽子相馈饴，并副以樱桃、桑椹、荸荠、桃、杏及五毒饼、玫瑰饼等物。

之所以图案用五毒，是因为每年初夏时节，毒物滋生活跃，古人会食用"五毒饼"祈愿消病强身，祈求健康。

2.所用原料

水皮：面粉，猪油或者植物油，水。

油心：面粉，猪油或者植物油。

馅心：玫瑰馅适量。

3. 操作步骤

（1）水油酥：将面粉加入猪油或者植物油，抓均匀，用清水采用摔面的方法将面团反复摔打滋润，备用。

（2）干油酥：将面粉加入猪油或者植物油，采用搓擦和面方法，和成面团。

（3）馅心揉球备用。

（4）采用大包酥方法开酥，擀成长方形面片，折3折后再擀开成长方形，叠卷成长条，封口向上，按扁，下剂，约25克一个。

（5）将剂口面向上包入馅心，包封严口，用戳子印好图案。

（6）炉温180℃，烤12分钟，出炉冷却食用。

4. 产品特点

色泽洁白，造型简洁，花香浓郁。

5. 注意事项

馅心要选用提前腌制好的玫瑰花馅心。

三十八、三色芸豆糕

1. 基本知识

芸豆糕原本是老北京地区的民间传统名点，后流传到宫里，也就成了著名的宫廷小吃。芸豆糕色泽雪白、质地柔软，吃在嘴里香甜爽口、软而不腻。

三色芸豆糕，有红、白、黑三种颜色相间的层次感，很漂亮。红，就是金糕（京糕），也就是山楂糕。白，就是白芸豆。黑，就是红小豆显现出来的棕褐色（图7-38）。

2. 所用原料

白芸豆，豆沙，金糕，白糖。

3. 操作步骤

（1）将白芸豆提前泡一夜，然后双手揉搓去皮，将去皮的芸豆放入开水煮15分钟，捞出放入屉布中蒸20分钟，取出放入细箩中用盘子碾压成细腻的芸豆泥。

图7-38　三色芸豆糕

（2）将豆沙放入屉布或者保鲜膜中擀成薄片，京糕切成均匀的薄片，将芸豆泥放入屉布中揉压均匀后，借助屉布用刀压成长宽片，切成3块等大的面皮，先铺一层白芸豆皮做底，然后上面铺一层红豆沙；再铺一层白芸豆皮，继而再盖一层京糕片，最后顶部再盖一层白芸豆泥，即可。

（3）将芸豆糕放冰箱冷藏1小时取出，食用即可。

4. 产品特点

层次分明，绵软甜糯，质地细腻，清凉解暑。

5. 注意事项

（1）白芸豆要泡透，蒸熟后过筛。

（2）叠压时要注意层次及每一层的厚度应一致。

第七单元　单元测试

一、单选题

1. 麻酱烧饼在炒制香料时应选择（　　　）。

A. 花椒、大料　　　　　　　　　　B. 花椒、小茴香

C. 桂皮、香叶　　　　　　　　　　D. 丁香、豆蔻

2. 开口笑炸制的油温应为（　　　）。

A. 凉油　　　　　B. 温油　　　　　C. 热油　　　　　D. 以上都不对

3. 核桃酥的成熟方法是（　　　）。

A. 烙   B. 煎   C. 蒸   D. 烤

4. 制作门钉肉饼宜选用（　　　）。

A. 猪肉   B. 羊肉   C. 牛肉   D. 驴肉

5. 制作驴打滚的面团属于（　　　）。

A. 水调面团   B. 蓬松面团   C. 层酥面团   D. 米粉面团

6. 调制糊塌子的面糊，面粉与水的比例应为（　　　）。

A. $1:1$ B. $2:1$ C. $3:1$ D. $1:0.5$

7. 制作小窝头时，该面团应该（　　　）。

A. 偏软   B. 偏硬

C. 软硬适中   D. 以上都不对

8. 制作门钉肉饼时，中途要加几次水，这个水应用（　　　）。

A. 凉水   B. 热水   C. 冰水   D. 茶水

9. 制作艾窝窝，应选用（　　　）。

A. 东北大米   B. 泰国香米   C. 圆粒江米   D. 山西小米

10. 炸制酥排叉时，为了使之颜色好看，应（　　　）捞出即可。

A. 浅黄色   B. 金黄色   C. 深黄色   D. 枣红色

二、判断题

1. 制作糖火烧时，如果红糖麻酱过于黏稠，可以进行加水稀释。（　　　）

2. 蒸蛋糕的面糊应稍稀。（　　　）

3. 制作豌豆黄时应选用熟黄豆为主料。（　　　）

4. 糊塌子的成熟方法是摊。（　　　）

5. 制作螺丝转红糖和芝麻酱的比例应为 $1:1$。（　　　）

6. 炸制酥排叉时应用温油炸制。（　　　）

7. 制作核桃酥时，可以加水和面。（　　　）

8. 调制门钉肉饼馅心时，宜选用洋葱。（　　　）

9. 制作艾窝窝，表面的薄面应为糯米粉。（　　　）

10. 制作芸豆卷，可以不用注意用具卫生，加热食用即可。（　　　）

作业

根据本周学习内容，试做一款北京小吃。

课堂讨论

本单元介绍了多种北京小吃的制作方法，你对哪一种印象深刻？为什么？

第七单元　单元测试答案

一、单选题

1. B　　2. B　　3. D　　4. C　　5. D　　6. A　　7. C　　8. B

9. C　　10. A

二、判断题

1. ×　　2. √　　3. ×　　4. √　　5. √　　6. √　　7. ×　　8. ×

9. √　　10. ×

第八单元

经典北京菜肴制作

扫码可观看第八
单元经典北京菜
肴制作视频

一、葱爆肉

1. 相关知识

葱爆肉原是山东菜，因旧时北京各大饭庄多为山东同胞经营。北京人下过馆子尝过此菜，都比较喜欢，便将此菜传入自家餐桌。此菜既可以搭配米饭、馒头，又可以夹在烧饼里，丰俭由人，百吃不厌。在原料的选择上也可以选择猪肉、牛肉、羊肉，风味各有不同，抑或是用涮羊肉剩余的肉片，更加展现了北京菜多元包容的特征（图8-1）。

图 8-1　葱爆肉

2. 所用原料

净通脊肉、大葱、姜、蒜、黄豆酱油、白胡椒粉、米醋、料酒、老抽、盐等。

3. 操作步骤

（1）先将姜切丝备用，蒜去根切片，葱切滚刀块且量应稍大，所有切好装盘，备用。

（2）通脊肉洗净切一元硬币厚度的肉片，备用。

（3）将肉片加入盐、白胡椒粉、老抽、料酒搅拌腌制，最后加入食用油。

（4）将老抽、黄豆酱油、少量的醋、白胡椒粉、料酒与葱、姜、蒜拌匀。

（5）起锅烧油，三成热时下入腌制的肉片滑开，变色后捞出控油。锅留底油，油温烧至六七成热时，下入葱、姜、蒜，爆香翻炒，待葱炒得有些"塌"，下入肉片迅速翻炒，出锅装盘即可。

4. 产品特点

葱香扑鼻，肉片鲜嫩。

5. 注意事项

（1）腌制肉片时切不可加蛋和淀粉。

（2）爆炒的温度要高。

二、炒麻豆腐

1. 相关知识

老北京炒麻豆腐是清真著名的小吃，酸辣可口深受北京人的喜爱。麻豆腐原为制作豆汁的下脚料，为绿豆发酵制品。北京人爱喝豆汁儿，同样也爱吃麻豆腐。按原料工艺技法，又可以分为素油炒和荤油炒。荤油多为羊尾油，别有一番风味（图8-2）。

图8-2　炒麻豆腐

2. 所用原料

发酵绿豆渣，甜青豆，雪里蕻，葱，姜，鲜黄酱，干辣椒段，食用油，清水。

3. 操作步骤

（1）把葱、姜切末，雪里蕻切末，备用。

（2）锅内烧开水，水开后，把甜青豆倒入锅中焯制，盛入碗中备用。

（3）起锅烧油，油量应稍多些，倒入葱、姜末煸香，煸炒出葱、姜香味后下入麻豆腐炒制，加入清水一碗。

（4）改中小火炒制，炒制时应不停地翻动，防止糊锅，炒至呈蜂窝状后，下入黄酱、雪里蕻、甜豌豆粒，炒至均匀。

（5）继续点锅烧油，把麻豆腐中间扒出小窝，将干辣椒水洗后放入窝内，油烧热后冒青烟，将油倒入辣椒中以激发辣椒的香味，老北京清真炒麻豆腐就制作完成了。

4. 产品特点

酸辣爽口，解腻开胃。

5. 注意事项

（1）炒制时油量应稍多。

（2）炒制时要不停搅拌，防止糊锅。

三、京酱肉丝

1. 相关知识

京酱肉丝是一道十分讨喜的菜肴，深受老人、女士、孩子的喜欢。相传是根据山东菜酱爆肉丁演变而来。味道甜咸适口，酱香扑鼻，搭配葱丝和豆皮颇有吃烤鸭的味道（图 8-3）。

图 8-3　京酱肉丝

2. 所用原料

净通脊肉，豆皮，甜面酱，白胡椒粉，花雕酒，鸡蛋，食用油，小磨香油，葱，姜，老抽，白糖，盐，玉米淀粉。

3. 操作步骤

（1）将甜面酱、白糖、花雕酒、白胡椒粉、老抽搅拌均匀，封好保鲜膜，蒸 30 分钟。

（2）把豆皮切成 10 厘米见方的方片，放入开水中浸泡备用。

（3）姜切片，葱切粗丝，倒入凉水，抓均，即成葱姜水，放在一旁备用。另取葱白部分，长度约 10 厘米，切成细丝备用。

（4）净通脊肉洗净，切厚度约 0.5 厘米 ×8 厘米细丝，切好放入清水中漂洗，攥干水分备用。

（5）肉丝中加入少量的盐、老抽、料酒、玉米淀粉、葱姜水、鸡蛋、白胡椒粉，浆汁均匀包裹住肉丝，待水分全部吃透后，加入少量的色拉油，肉丝上浆就完成了。

（6）将豆皮控水，四角对折，依次叠压装饰于盘边，摆放整齐，将葱白丝垫入盘底。

（7）锅中油烧三成热，将肉丝拌油下入温油中，滑制肉丝变色后捞出控油。下入小磨香油，出香味后倒入蒸制好的甜面酱，炒至酱汁黏稠时，将肉丝倒入锅中翻炒均匀，待肉丝裹上酱汁即可出锅，出锅装盘即可。

4. 产品特点

酱香浓郁，营养丰富。

5. 注意事项

（1）肉丝滑油时，变色即可。

（2）炒制时酱汁的稀稠度要把握好。

四、炒疙瘩

1. 相关知识

炒疙瘩是北京人非常喜欢的一道美食，以北京天兴居、清真紫光园制作的最为著名（图 8-4）。如果不经炒制，直接浇上炸酱或者卤子就称为"水疙瘩", 经过先煮后炒的复合工艺再搭配时令蔬菜则称为"炒疙瘩"。由此可以体现出北京菜点可繁可简、千变万化的特点。此外, 由于炒疙瘩偏硬又有嚼劲, 消化慢, 深受劳动人民喜爱, 尤其是铁匠, 所以老北京人又称炒疙瘩为"打铁的饭"。

图 8-4 炒疙瘩

2. 所用原料

面粉 250 克, 水 130 克, 鲜香菇, 火腿, 黄瓜, 葱, 姜, 蒜, 胡萝卜, 甜玉米粒, 甜豌豆粒, 炸酱。

3. 操作步骤

（1）面粉 250 克, 冷水 120~130 克, 和成偏硬的面团, 把面团封上保鲜膜, 静置 10~15 分钟进行饧发。15 分钟后, 再进行二次的揉制。

（2）将香菇、黄瓜、胡萝卜、火腿切丁, 葱、姜、蒜切末。

（3）将面团擀成约 5 毫米的厚片, 切成 5 毫米粗的长条, 随后改刀成丁, 装入盘中, 注意不要使其粘连。

（4）水烧开后下入切好的香菇丁、胡萝卜丁、甜豌豆和甜玉米粒, 等水再开下入面疙瘩, 待面疙瘩已经全部飘在锅面上, 盛出过凉, 控水备用。

（5）锅中留底油, 下入姜末、蒜末、葱花, 煸炒出香味后, 下入炸酱和煮好的面疙瘩, 翻炒, 继续放入胡萝卜丁、香菇丁、甜玉米粒, 翻炒均匀。临出锅前下入火腿丁、黄瓜丁、蒜末、葱花, 出锅装盘。

4. 产品特点

酱香扑鼻，口感丰富，营养全面。

5. 注意事项

（1）因为炸酱偏咸，所以炒制时不宜再加盐。

（2）煮制八成熟即可，煮熟后应再过凉，更劲道。

五、老北京炸酱面

1. 相关知识

炸酱面是老北京传统特色面食，与兰州牛肉面、武汉热干面、山西刀削面、四川担担面、吉林延吉冷面、河南烩面、杭州片儿川、昆山奥灶面和镇江锅盖面一起被商务部和中国饭店协会誉为"中国十大面条"（图8-5）。

图8-5 老北京炸酱面

2. 所用原料

面粉，天源甜面酱，六必居干黄酱，鲜黄酱，葱，姜，蒜，八角，花雕酒，五花肉，食用油。

3. 操作步骤

（1）先把葱、姜、蒜切末，备用；再将五花肉切成小丁备用。

（2）将鲜黄酱，干黄酱，甜面酱以1:1:1的比例混合，用花雕酒澥开备用。

（3）锅中放底油，将八角倒入锅内，炸出香味后，把五花肉丁下入锅内煸炒，待五花肉丁完全变色后，下入姜、蒜、葱末，倒入酱汁中小火熬制30

分钟。

（4）待酱逐渐变得黏稠了，再第二次放入葱花，继续熬制约 15 分钟，把剩余的葱花、姜末下入即可。

（5）手擀面制作：面粉 250 克，冷水 120~130 克，和成偏硬的面团，饧制待用。

（6）面码通常为时令蔬菜，一般有胡萝卜、绿豆芽、水发黄豆、心里美萝卜、黄瓜、香椿苗、芹菜、豆角等，还可以自行组配一些菜肴或是熟食；胡萝卜、心里美萝卜、黄瓜切丝，备用。

（7）案板上撒一些玉米面，将面团开方，擀成长方形或圆形的面片，撒上玉米面，一正一反进行叠制，切与韭菜叶同宽的面条，备用。

（8）水烧开，下入黄豆、豆芽和胡萝卜丝，焯烫后控水装盘。水开下入面条，转中火煮 3~5 分钟，煮熟后，将面条盛入凉水盆中过凉（如果不过凉则称为"锅挑儿"），将过水后的面条盛入碗中。吃的时候，依次把面码和炸酱倒入面条中进行搅拌，这就是老北京炸酱面。

4. 产品特点

酱香浓郁，口感丰富，营养全面。

5. 注意事项

（1）炸酱应为中小火。

（2）煮面时水要多，等水开后再下入面条。

六、炸（煎）灌肠

1. 相关知识

炸灌肠是北京著名的街边小吃，一般到庙会的时候都会有这道小吃。早年间是有猪大肠和红曲面粉、淀粉、香辛料等调成糊蒸熟再进行煎制，现在其主要由红薯淀粉、香料等加工而成。北京比较有名的炸灌肠字号有隆福寺灌肠、前门丰年灌肠、长安街聚仙居灌肠等（图 8-6）。

2. 所用原料

灌肠（半成品），盐，蒜，香油。

图 8-6　炸灌肠

3. 操作步骤

（1）蒜瓣去根、去芽，清洗干净，剁碎；倒入纯净饮用水，加入少许食盐和少许香油，备用。

（2）灌肠斜刀切片，切成一边薄一边厚的片。

（3）锅中加油，油温烧至五六成热后下入灌肠，定型后用筷子翻动，注意防止粘连，炸至边缘呈金黄色即可捞出，关火装盘。

（4）食用的时候，将炸好的灌肠与蒜汁混合，味道更好。

4. 产品特点

外焦里嫩，蒜香浓郁。

5. 注意事项

（1）刀口应斜刀切，一薄一厚，炸出来一边焦一边嫩，口感丰富。

（2）油量应适中，油温把控好，半煎半炸。

七、乾隆白菜

1. 相关知识

乾隆白菜是老北京人非常喜欢的一道凉菜，爽口清脆。相传是乾隆皇帝岁末微服出宫，回来时天色已晚，前门大栅栏店铺都已歇业，只有一家卖烧卖的店铺依旧营业。乾隆皇帝吃了烧卖和拌白菜，问此店叫什么名字，掌柜说本店没有名字。第二天，就敲锣打鼓送来一个牌匾：都一处，皇帝吃的那道拌白菜也改名为乾隆白菜。从此，乾隆白菜名声大噪，成为一款经典的爽口凉菜（图 8-7）。

图 8-7　乾隆白菜

2. 所用原料

黄叶白菜，盐，熟黑芝麻，芝麻酱，米醋，香醋，老抽，蜂蜜。

3. 操作步骤

（1）黄叶白菜洗净，控干水分，只要叶子，用手撕成大片状，备用。

（2）芝麻酱加入盐、白糖、米醋、香醋、老抽，顺时针搅拌，搅拌至无颗粒细腻的状态，最后加入蜂蜜。

（3）将白菜、酱汁倒入盆内，加入熟黑芝麻，搅拌均匀，装盘即可。

4. 产品特点

口感清爽，酸甜适口，麻酱浓郁。

5. 注意事项

（1）白菜应选用黄叶白菜。

（2）白菜应控净水。

（3）酱汁不能过稀。

八、孜然羊肉

1. 相关知识

孜然羊肉是典型的北京清真菜，主料为羊后腿肉，加上孜然和芝麻，味道和烧烤味道如出一辙。牛街一带清真餐厅制作的孜然羊肉很受北京人喜爱（图8-8）。

图 8-8 孜然羊肉

2. 所用原料

羊腿肉，香菜，色拉油，辣椒面，葱姜水，白胡椒粉，孜然粉，玉米淀粉，料酒，酱油，盐。

3. 操作步骤

（1）香菜洗净只取前面嫩叶部分，切 1 厘米左右的段，控干提前垫于盘底。

（2）羊腿肉洗净切约 1 厘米见方大粒，加入盐、酱油、料酒、白胡椒粉、孜然粉、少量的辣椒面和葱姜水，下入玉米淀粉，搅拌均匀，放冰箱冷藏腌制15 分钟。

（3）锅中烧油，油温三成热时放入羊肉粒，变色后捞出控油；升高油温五成热，再下入羊肉粒，其目的是定型。第三次油温烧至七成热，其目的是炸酥、炸焦、炸香，控油后装盘。

（4）最后，撒入孜然粉和辣椒面。

4. 产品特点

外焦里嫩，异域风情，鲜辣咸香。

5. 注意事项

（1）油温的把控。

（2）羊肉应腌透，味道才浓郁。

九、爆肚

1. 相关知识

爆肚是北京著名的传统小吃，多为回族同胞经营（图 8-9）。爆肚早在清乾隆年间就有记载，比较有名的老字号有爆肚满、爆肚冯等，按爆肚的品种可以分为羊爆肚和牛爆肚两种，按爆肚的部位可以分为羊肚领儿、羊散丹、蘑菇尖儿、葫芦、牛百叶、牛肚仁等。

图 8-9　爆肚

2. 所用原料

新鲜的黑牛肚，香菜，蒜，干辣椒，芝麻酱，韭菜花，腐乳，盐。

3. 操作步骤

（1）将牛肚放在干净的清水里逐叶进行清洗。

（2）将牛肚的三分之一部分顺着叶斩断，再将白色面冲上卷起，每刀切如同韭叶宽度的丝，放入干净的清水中浸泡。

（3）麻酱中加入适量的盐，调制少量的饮用水，顺时针轻轻搅拌成偏稠的麻酱汁即可。

（4）香菜洗净切末；干辣椒炸制辣椒油；酱豆腐捣碎成腐乳汁；韭菜花酱稀释备用；蒜洗净切末，加饮用水、盐、香油兑成蒜汁。

（5）将水烧开至沸腾 100℃，先把盛装的盘子烫一下。随后用漏勺盛毛肚，通常为 5~7 秒，捞出控水装盘，吃时根据个人口味蘸上调料即可。

4. 产品特点

脆嫩鲜香，回味无穷，营养丰富。

5. 注意事项

（1）盘子一定要用开水烫过。

（2）注意氽烫的时间，不可过长。

（3）麻酱调制不可过稀。

十、羊杂汤

1. 相关知识

羊杂汤是北京著名的街边小吃，多为回族同胞经营，其经济实惠、物美价廉，深受劳动人民的喜爱（图8-10）。

图8-10　羊杂汤

2. 所用原料

半熟羊杂（包括羊肝、羊肠、羊肚、羊肺），花椒，大料，干辣椒，腐乳，盐，白胡椒粉，小茴香，韭菜花，葱，姜，蒜，香菜。

3. 操作步骤

（1）葱切段，姜切片，备用。

（2）水烧开，将羊杂下入开水锅中，焯烫一下，打去浮沫，开水冲洗干净备用。

（3）香菜洗净切末；干辣椒炸制辣椒油；酱豆腐捣碎成腐乳汁；韭菜花酱

稀释备用；蒜洗净切末，加饮用水、盐、香油兑成蒜汁。

（4）另起一锅注入大量的开水，下入调料包和羊杂，继续打去浮沫，中火熬制40分钟至汤色奶白，关火加入盐和白胡椒粉即可。

（5）食用时根据个人口味适当加入调料。

4. 产品特点

香气十足，汤色奶白，营养丰富。

5. 注意事项

（1）羊内脏应清洗干净。

（2）用中火熬制。

单元测试

一、选择题

1. 制作葱爆肉时的配料大葱应切（　　　）刀口。

A. 蛾眉葱   B. 马耳葱

C. 滚料葱   D. 马蹄葱

2. 老北京麻豆腐的主料原为加工（　　　）的下脚料，是古人变废为宝的智慧。

A. 红豆   B. 黄豆

C. 绿豆   D. 黑豆

3. 制作京酱肉丝的甜面酱，应先用（　　　）澥开，然后再加工使用。

A. 白酒   B. 黄酒

C. 啤酒   D. 花椒水

4. 制作炒疙瘩时，疙瘩的个头应（　　　）。

A. 偏大   B. 偏小

C. 随意   D. 以上都不对

5. 制作老北京炸酱时，通常炸酱的时间约（　　　）。

A. 40分钟   B. 15分钟

C. 2小时   D. 7分钟

6. 炸灌肠通常搭配（　　　）共同食用，风味更佳。

A. 韭菜花   B. 麻酱汁

C. 乳腐汁   D. 蒜汁

7. 乾隆白菜的味型是（　　　　）。

A. 麻辣味   B. 鱼香味

C. 酸甜味   D. 咸鲜味

8. 孜然羊肉应选用（　　　　）粉炸制，才能保持特有的口感。

A. 糯米粉   B. 玉米

C. 黄豆粉   D. 嫩肉粉

9. 老北京爆肚的加热方法是以（　　　　）为传热媒介。

A. 油   B. 蒸汽

C. 水   D. 对流

10. 食用羊杂汤时，一般搭配（　　　　）风味更佳。

A. 焦圈   B. 糖油饼

C. 麻酱烧饼   D. 奶油炸糕

二、判断题

1. 制作葱爆肉菜肴时，要求动作迅速连贯，旺火速成。（　　　　）

2. 炒制老北京麻豆腐时，必须使用植物油炒制，否则不正宗。（　　　　）

3. 制作京酱肉丝时，可以勾芡，使菜肴明亮。（　　　　）

4. 老北京炒疙瘩通常没有固定的配料，原则上配料越丰富越好。（　　　　）

5. 炸酱的技法多种多样，比较讲究的是干黄酱、稀黄酱、甜面酱三种混合使用。（　　　　）

6. 炸灌肠的口感应为入口即化，绵软甜糯。（　　　　）

7. 制作乾隆白菜的主料应选用偏嫩黄叶的白菜——黄芽菜。（　　　　）

8. 孜然羊肉的主料通常选用羊后腿肉制作。（　　　　）

9. 老北京爆肚的讲究就是一个字：快！（　　　　）

10. 羊杂汤在食用时可以佐以——韭菜花、酱豆腐、蒜汁、辣椒油。（　　　　）

作业

从本单元所讲授的北京菜中，选择一种你比较喜欢的菜肴进行制作。

课堂讨论

通过学习北京菜的相关知识，结合前几单元的内容，请阐述北京菜有哪些特点？（可以从烹饪技法、成菜特点等方面阐述）

第八单元　单元测试答案

一、单选题

1. C   2. C   3. B   4. B   5. A   6. D   7. C   8. B

9. C   10. C

二、判断题

1. √   2. ×   3. ×   4. √   5. √   6. ×   7. √   8. √

9. √   10. √